建筑巅峰艺术体验
哥特式建筑解读

陈伟东 著

中国书籍出版社
China Book Press

图书在版编目 (CIP) 数据

建筑巅峰艺术体验 : 哥特式建筑解读 / 陈伟东著
. -- 北京 : 中国书籍出版社 , 2021.7
ISBN 978-7-5068-8608-6

Ⅰ . ①建… Ⅱ . ①陈… Ⅲ . ①哥特式建筑 – 建筑艺术
Ⅳ . ① TU-098.2

中国版本图书馆 CIP 数据核字（2021）第 156317 号

建筑巅峰艺术体验：哥特式建筑解读

陈伟东　著

责任编辑	张　娟　成晓春
责任印制	孙马飞　马　芝
封面设计	刘红刚
出版发行	中国书籍出版社
地　　址	北京市丰台区三路居路 97 号 (邮编：100073)
电　　话	（010）52257143（总编室）　（010）52257140（发行部）
电子邮箱	eo@chinabp.com.cn
经　　销	全国新华书店
印　　厂	三河市德贤弘印务有限公司
开　　本	710 毫米 ×1000 毫米 1/16
字　　数	204 千字
印　　张	15.5
版　　次	2022 年 5 月第 1 版
印　　次	2022 年 5 月第 1 次印刷
书　　号	ISBN 978-7-5068-8608-6
定　　价	86.00 元

前　言

　　漫步在法国塞纳河畔，你会看到有"中世纪建筑最美的花"之美誉的巴黎圣母院赫然矗立在那里，它高耸挺拔，辉煌壮丽，仿佛在用无声的语言诉说着壮丽的美。走在英国的一片草坪上，你会发现享誉世界的索尔兹伯里大教堂静静地坐落在那里，它笔直优雅，庄严和谐，仿佛在思索着过去和未来。信步来到意大利繁华的大都市米兰，你会与有"米兰的象征"之美称的米兰大教堂相遇，它腾空而上，光彩夺目，宛若一首优美的诗歌。这些姿态万千、充满智慧的经典建筑其实有一个共同的名字——哥特式建筑。

　　哥特式建筑是发源于法国、兴盛于中世纪的一种建筑风格，它发端于罗曼式建筑，而后被文艺复兴建筑所继承，持续几个世纪被人们所推崇。哥特式建筑虽各具特色，但也存在一些相似之处，那尖尖的拱门、凌空而上的飞扶壁、肋状的拱顶、梦境般的玻璃花窗，都展现着哥特式建筑的无限魅力。说到此处，你是不是也想一睹哥特式建筑的真容？本书将为你详解哥特式建筑，带你体验建筑巅峰艺术魅力！

　　本书首先带你走进辉煌的哥特式建筑，让你了解哥特式建筑的概貌及其前世今生；然后为你解读经典的法国早期哥特式建筑与自成一体的英国早期哥特式建筑；接着带你认识彰显均衡的法国以及欧洲其他国家的盛期哥特式建筑；最后让你领略不同国家各具特色的后期哥特式建筑。不同时期、不同国家的哥特式建筑或优雅别致，或简约大气，或繁复奢华，或古朴典雅，处处散发着魅力，它们凝集着人们的智慧，记录着曾经的历史，彰显着文明之光。

  本书以地点为横线，以时间为纵线，图文并茂地对哥特式建筑进行了全方位、多角度的解读，能让读者身临其境般地透彻认识哥特式建筑。此外，本书还特别设置了"与你共赏"和"延展空间"两个板块，以便读者了解更多关于哥特式建筑的知识，领略哥特式建筑的艺术风采。

  本书在成书过程中获得了多方的帮助，在此表示诚挚的感谢。为了进一步优化本书质量，欢迎大家提出宝贵意见。

作者

2021 年 4 月

目　录

第一章　走进光辉灿烂的哥特式建筑 / 1

3 /　认识哥特式建筑及其艺术风格

13 /　哥特式建筑有哪些基本的构成要素

25 /　带你了解哥特式建筑的前身——罗曼
　　　式建筑

第二章　承旧启新的早期哥特式建筑 / 47

49 /　创造经典——法兰西岛区的早期哥特
　　　式建筑

67 /　风格变迁——法国其他地区的变体哥
　　　特式建筑

77 /　自成一体——英国早期哥特式建筑

第三章　彰显均衡的盛期哥特式建筑　/91

93 / 　建筑典范——法国沙特尔与布尔日大
　　　教堂以及相关建筑

111 / 　追求精巧——法国和英国辐射式风格
　　　的哥特式教堂建筑

121 / 　别开生面——法国勃艮第、诺曼底、
　　　南部地区的哥特式建筑

129 / 　地方风格——欧洲其他国家的盛期哥
　　　特式建筑

第四章　法国和英国繁华别致的后期哥特式
　　　建筑　/141

143 / 　奢华多变——法国火焰式哥特式教堂
　　　建筑

147 /　　巧夺天工——英国装饰风格的哥特式
　　　　教堂建筑

155 /　　苏格兰民族风格的彰显——英国垂直
　　　　风格的哥特式教堂建筑

163 /　　贵族居所——法国和英国后期的城
　　　　堡、府邸建筑

第五章　德国与中欧地区独具匠心的后期哥特
　　　　式建筑　/167

169 /　　简约大气——厅堂式哥特式教堂建筑

177 /　　奇思妙想——网状与星形拱顶、螺旋
　　　　造型、双曲拱券建筑

185 /　　丰富多样——显示城市威望与财富的
　　　　世俗建筑

第六章　意大利标新立异的后期哥特式
　　　　建筑　/191

193 /　多元融合——14 世纪意大利哥特式
　　　　建筑

205 /　崇尚古典——15 世纪意大利哥特式
　　　　建筑

第七章　低地国家和伊比利亚半岛后期哥特式
　　　　建筑　/213

215 /　借鉴模仿——低地国家后期哥特式
　　　　建筑

223 /　繁复豪华——西班牙后期哥特式建筑

235 /　风格杂糅——葡萄牙后期哥特式建筑

参考文献　/239

第一章

走进光辉灿烂的哥特式建筑

哥特式建筑是追逐光芒的艺术，它冲破了欧洲中世纪建筑一贯的敦厚和沉重，带给人明亮、轻盈和阔达的精神感受。

了解哥特式建筑的艺术风格及其历史起源，能够更加深入地认识哥特式建筑的特色，领略那一座座风姿各异的哥特式建筑的魅力。下面就随我一起走进承载着伟大文明的殿堂，观赏那光辉灿烂的哥特式建筑艺术。

认识哥特式建筑及其
艺术风格

哥特式建筑是在罗曼式建筑的基础上发展起来的，具有独特的艺术魅力和结构特征。

什么是哥特式建筑

要知道什么是哥特式建筑，首先要理解"哥特式"一词。该词具有下面两种理解。

第一种，认为"哥特"是"Goth"的音译，"Goth"指代哥特人。"哥特式"（Gothic）便源自这一词。然而，哥特式建筑与哥特人没有什么关系。在文艺复兴时期，人们认为哥特式建筑为哥特人所建造，实则并非如此。

第二种，认为"哥特式"（Gothic）源自德语"Gotik"。而"Gotik"的词源就是"Gott"，意为"上帝"，所以"哥特式"就是指形式上接近上帝的艺术风格。

"哥特式"作为一种艺术风格，具有夸张、不对称、奇异、神秘、结构复杂、多装饰等特点。这种风格被广泛运用在建筑、雕塑、绘画、文学、音乐等各个领域之中，尤其在建筑领域有相当高的成就。

那么，什么是哥特式建筑呢？哥特式建筑就是在形式上"接近上帝"、结构复杂轻盈、多装饰的建筑。

哥特式建筑兴起于 12 世纪的法国，随后传播到英国、德国、意大利、西班牙、葡萄牙、荷兰、比利时等欧洲国家，体现着中世纪末期欧洲人的审美意识和思想观念。

与你共赏

经典哥特式建筑

哥特式建筑作为一种兴盛于中世纪的建筑风格，对世界建筑产生了深远的影响，并造就了很多享誉世界的经典建筑。下面就先来一睹哥特式建筑的风采。

英国威斯敏斯特大教堂

法国沙特尔大教堂

捷克圣维特大教堂

哥特式建筑的艺术风格

哥特式建筑是中世纪艺术的巅峰，而这种震撼人心的艺术有怎样的风格特点呢？下面随我去了解一下吧。

◎ 哥特式建筑结构轻盈

哥特式建筑的设计者将尖券和肋架券结合起来，创造了肋拱，使得建筑在建成之前往往已经形成了一个结构严密、牢固的肋骨框架，框架之间的空隙用较轻的石料填补便可，这样哥特式建筑的拱顶便会轻盈很多。比如，巴黎圣母院内部的拱券结构就是早期哥特式建筑拱顶的典型样式。

这种轻盈是相较于罗曼式建筑的筒形拱顶而言的，筒形拱顶是一个半圆筒的形式，此拱顶非常沉重，需要厚重的墙体来支撑其重量。

① 承重柱

② 肋拱

③ 尖券

巴黎圣母院内部的肋拱

什么是尖券和肋架券

　　所有的哥特式建筑都使用尖券。尖券又叫作双圆心券，从半圆券变化而来，就是由两个圆的一部分曲线组合而成。

　　尖券相比半圆券使用起来更加方便，因为在不同跨距（柱子之间）下，四周的尖券和中间的肋拱都能到达同样的高度，这样就大大降低了对平面形状的要求，使得平面构成和空间组合变得更加灵活。半圆券便达不到此种效果。

　　肋架券是肋拱中的一个构件。如果说尖券或者半圆券是沿着由四根柱子围成的矩形的四边发券，那么肋架券就是从对角发券的骨架券，四边发券和对角发券组合起来就是肋拱的骨架券。

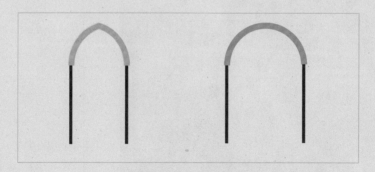

尖券和半圆券示意图

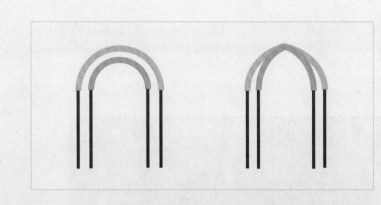

不同跨距下的半圆券和尖券示意图

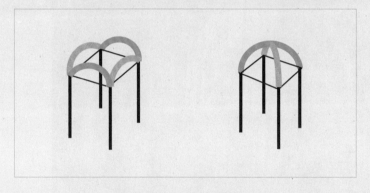

半圆券四边发券与对角发券示意图

◎ 哥特式建筑内部宽敞明亮

因为哥特式建筑的骨架拱顶非常轻盈，肋架券、承重柱和飞扶壁等元素组合在一起便足以支撑它，所以原来厚重的墙壁便被舍弃了，使建筑内部变得宽敞、空灵。

　　同时，因为墙壁不用再承担承重的任务，所以建筑的墙壁上就可以装上五彩缤纷的大玻璃，让室内变得明亮多彩。

法国圣丹尼大教堂墙壁上的玻璃

◎ 哥特式建筑具有"上升"趋势

哥特式建筑"向上升"的风格特点源自西方人们向往上帝，想要接近上帝的心情。这一特点通过一些流畅的向上延伸的直线表现出来，在教堂的内部和外部都有体现。

哥特式建筑之所以能够展现出"向上升"的效果，也是因为建筑内部有很多承重的柱子、骨架券等，这些结构的存在使建筑内部总体呈现一种向上升的趋势。此外，哥特式建筑中的重要元素，如尖券、尖顶窗、尖顶门、尖塔、飞扶壁等都呈现一种向上升的趋势。

比如，著名的米兰大教堂除了依靠尖券、尖顶窗、壁柱以及密集的尖塔等元素营造上升的感觉之外，一些外部的装饰也使得建筑整体更加具有上升感，如花窗、尖塔顶部站立的雕像等。

米兰大教堂

哥特式建筑有哪些基本的
构成要素

在从罗曼式建筑转变的过程中，哥特式建筑衍生出了属于自己的独特构成要素。其中，尖肋拱顶、束柱、飞扶壁以及玫瑰花窗是哥特式建筑典型的构成要素。通过这些要素的结合，哥特式建筑一改罗曼式建筑沉稳厚重的气息，风格明亮、通透，具有净化人心的张力。

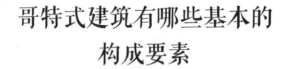

创新的根基——尖肋拱顶

尖肋拱顶是从罗曼式建筑中的圆拱技艺中继承和发展而来的，是尖券肋拱的集中应用。尖拱本身可以减轻自身的受力而使得空间跨度扩大，同时又不需要大量的墙体进行支撑。而肋骨拱指的是由券形对角线肋支撑或装饰的一种拱顶。哥特式建筑将尖拱和肋骨拱组合到一起进行应用，这使得哥特式建筑可以在广度的拓展和高度的延伸上有更大的发挥空间。罗曼式建筑中原有的圆拱最大的局限便是在其高度与广度上，因为圆拱的使用需要建筑本身拥有足够的支撑力，而尖肋拱顶的使用恰好解决了这个问题。

在哥特式建筑的艺术理念中，在高度上的拓展是升华自我、脱离尘世的象征。因此，尖肋拱顶的大量使用也成了哥特式建筑要素的代表。通过使用尖肋拱顶将建筑不断升高，使人抬眼望去便有一种沿着一条看不见的道路向上飞升的感受。

始建于 1211 年，历时 83 年完工，两侧巨塔高达 82 米的法国兰斯圣母大教堂在尖肋拱顶的使用上出类拔萃。同样位于巴黎，虽然名气上不

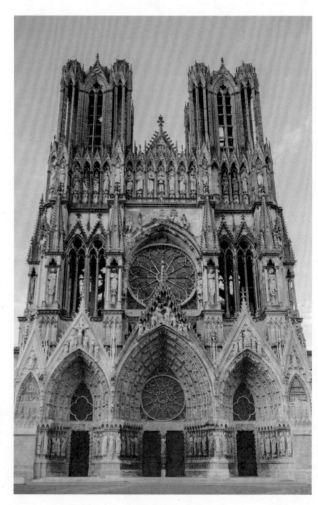

兰斯圣母大教堂

如巴黎圣母院享誉世界，但是在建筑形态和尺度上，兰斯圣母大教堂都在巴黎圣母院之上。

　　通过尖肋拱顶的使用，兰斯圣母大教堂的内部纵深达到了 138.5 米，高度达到了 38 米（巴黎圣母院高度为 35 米）。高度一直是许多哥特式建筑师们的独特追求，但在此类建筑的营建过程中，由于尖肋拱顶使用的不精确导致了不少坍塌事故。然而，这一类的问题在内部高达 38 米，两侧巨塔高 82 米的兰斯圣母大教堂中并没有出现，这也进一步证明了兰斯圣母大教堂建筑工艺的严谨性。同时，尖肋拱顶也为这座大教堂带来了视觉上的空间感与流动感。

兰斯圣母大教堂的内部结构

承重与优雅兼顾——束柱

　　沿着网格交织的尖肋拱顶向下看去，便是与之相接的束柱，束柱是哥特式建筑中承重柱的独特形式。一改罗曼式建筑中稍显沉重的敦实柱体，哥特式建筑的束柱将柱墩做成了许多细柱依附在中心柱墩上。这样做的重要目的是能够更好地将拱顶的压力通过束柱转移到地面，从而使建筑从厚实的墙壁结构中解脱出来，使建筑整体显得更加轻松，这也是哥特式建筑中束柱的主要作用。

　　除了支撑作用，通过束柱与拱顶的衔接所体现出来的空间垂直感也对建筑氛围的营造起到了一定作用。

哥特式教堂内部左右两侧的束柱

与你共赏

"国产"束柱——徐家汇天主教堂

20世纪初，耶稣会会长南格禄在我国上海徐家汇建造了"圣·依纳爵主教座堂"（徐家汇天主教堂），教堂内部有64根用苏州产的金山石雕凿成的束柱，每根束柱又由10根小圆柱组成，束柱与拱顶相连接形成了流畅的线条结构，营造出了垂直上升的空间氛围。

徐家汇天主教堂正面

徐家汇天主教堂
内的束柱

束柱与尖肋拱顶的衔接

建筑巅峰艺术体验——哥特式建筑解读

凌空的侧推力——飞扶壁

1163 年，法国哥特式建筑史上的代表作，后世游人争相前往的神圣之所——巴黎圣母院开始修建。在修建过程中，为了防止坍塌事故发生，建筑师们第一次使用了飞扶壁这一起到支撑作用的建筑部件。飞扶壁在巴黎圣母院建造中所起到的出色的支撑作用，影响了自此以后哥特式建筑的修建。

飞扶壁不是从地面起建的墙壁，而是跨越下层的柱墙直接在上层连接顶部的拱架，利用与尖肋拱顶、束柱之间的角度平衡对墙面产生侧向推力，从而起到支撑作用。也正是因为飞扶壁良好的支撑作用，才使得哥特式建筑的墙壁越来越少，大落地窗越来越多，从而使彩色玻璃窗成为哥特式建筑的代表性要素。

巴黎圣母院外部的飞扶壁

第一章 走进光辉灿烂的哥特式建筑

19

与 你 共 赏

布尔日大教堂与成熟的飞扶壁

　　法国布尔日大教堂是第一批真正意义上的哥特式建筑之一，也是早期哥特式建筑中的精品。在布尔日教堂厅堂部分的外侧上方围绕着技艺成熟、做工精湛的飞扶壁结构，为厅堂的稳固提供了支持。此外，围绕着的飞扶壁看上去轻巧灵活，很是活泼，也成了布尔日大教堂绝佳的景观之一。

布尔日大教堂

布尔日大教堂飞扶壁

斑驳的梦境——哥特式彩色玻璃窗

墙面与玻璃的搭配在哥特式建筑发展的历史上是此消彼长的关系。减少了墙面的使用后，哥特式建筑师们更多地使用了彩色玻璃作为建筑的一部分。彩色玻璃在欧洲的建筑历史上数见不鲜，它虽然不是哥特式建筑的"原创"，却在哥特式建筑中展现了其非凡的魅力，尤其是玫瑰花窗的设计，堪称此类建筑中的绝妙艺术品。

第一章 走进光辉灿烂的哥特式建筑

哥特式建筑中的玫瑰花窗

玫瑰花窗是哥特式建筑中最为绚丽的风景，也是哥特式建筑的主要特征之一。玫瑰花窗一般出现在教堂正门上方，是一种圆形窗户，内部花纹呈放射状。

巨大的用以代替墙面的窗户是由各种颜色的彩色玻璃组成的图画，它受到玻璃马赛克工艺的启发，先在窗框中用铅条勾成各种各样的图案，再将彩色玻璃碎片镶嵌其中，通过反复的操作，最终形成代表不同含义的花窗故事。通过彩色玻璃窗，阳光在建筑内部被渲染成色彩斑驳、绚丽夺目的光影效果。随着日光的移动，室内的光影斑驳迷离，宛如梦中仙境。

如果说光影给了哥特式建筑"外貌之美"，那么花窗上的故事则表达了哥特式建筑的"内涵之美"。彩色玻璃窗上的图像多为宗教故事，迎着透窗而来的光，窗上的故事仿佛在眼前重演。嘈杂的人声消失了，混乱的内心宁静了，在这一刻，心灵得到了洗涤。

法国布尔日大教堂的彩色玻璃窗是哥特式建筑彩色玻璃装饰历史中闪耀的一颗星。历时 60 余年才完工的布尔日大教堂，其彩色玻璃窗随着时代的变迁产生了各种各样不同的风格，但经过岁月的洗礼，如今看上去是那样的相得益彰，这也成为布尔日大教堂的著名景观之一。布尔日大教堂的彩色玻璃窗多绘制新旧约故事，或是当地所崇拜的圣人事迹。

布尔日大教堂的彩色玻璃窗

延展空间

玻璃马赛克工艺

　　玻璃马赛克是一种由边长为 20～40 毫米，常见为正方形，厚度为 4～6 毫米的彩色玻璃拼制而成的镶嵌工艺，最早发源于古希腊时期，至古罗马时期得到广泛应用。玻璃马赛克创作方式多样，组合变化灵活，具有防腐蚀、耐酸碱、不褪色的特点，时至今日仍被应用于公共建筑的内壁。因其玻璃属性，在日光及灯光的照射下能够为室内环境添加些许神秘、梦幻、浪漫的色彩。玻璃马赛克材料的主要成分是天然的矿物质和玻璃粉，也是装饰材料选择中较为突出的环保材料，如布尔日大教堂中的彩色玻璃窗便参考了这一工艺。

带你了解哥特式建筑的前身
——罗曼式建筑

作为哥特式建筑的前身，罗曼式建筑大量涌现于 10—12 世纪初。这一时期政治秩序的变迁与新观念的形成对罗曼式这一建筑风格的形成与发展起到了推进作用。后世哥特式建筑的许多技艺与表现雏形均是参考了罗曼式建筑的技艺及风格。

古典风格的回归——罗曼式建筑的开端

罗曼式建筑是古罗马建筑风格的回归。建筑师们对古罗马时期的建筑主题、风格、构成及装饰进行了深入的研究。为了达到古典的回归，许多罗曼

罗曼式建筑风格的开端——法国圣赛尔南大教堂

式建筑还使用了古罗马建筑废墟中的材料。

　　罗曼式建筑起源于9世纪。在这一时期，欧洲逐渐形成了以德国、意大利、法国等国家为主的多民族国家。随着各国内部政局的稳定，各国统治者阶层将更多的注意力投放到了教堂及修道院等的建造上，要求教堂等建筑形式向古罗马风格靠拢。自此，罗曼式建筑以繁茂之姿走上了建筑历

史的舞台。

　　罗曼式建筑分为"前罗曼式"和"罗曼式"两个时期，以 11 世纪为分
界线。前罗曼式时期的建筑多以粗石为材料，并且窗户较小，也并未采纳古
罗马建筑中最具特点的拱顶技艺。而罗曼式时期的建筑则以继承拱券结构、
精加工的厚实墙面以及柱式等为特征。

建筑巅峰艺术体验——哥特式建筑解读

敦厚的静谧空间——罗曼式建筑结构与特征

如果说哥特式建筑给人留下的是尖锐、高挑、华丽的印象，那么罗曼式建筑就是敦实、质朴、坚固的形象。但是在建筑史上，哥特式建筑被看作罗曼式建筑的继承与发展，是对罗曼式建筑的升华。那么，作为基础的罗曼式建筑究竟有哪些主要结构与特征呢？

◎ 平滑的弧度——罗曼式拱顶

罗曼式建筑自古罗马传承下来，使用最为广泛的技艺便是拱顶技艺。罗曼式建筑中多使用半圆拱，这是一种较易操作的拱券形式。罗曼式建筑对古罗马建筑技艺的创新也呈现在了它的拱顶技艺上。罗曼式建筑取消了旧时可能出现的，用于辅助加强稳定性的木梁屋顶。为了能够通过拱顶更好地支撑建筑物整

罗曼式建筑内部的拱顶——法国普罗旺斯圣托罗菲姆大教堂

28

体的稳定，建筑师们想到了一个方法，他们将半圆拱逐一排列成为一排，形成了罗曼式建筑最具特色的拱顶结构——筒形拱顶。筒形拱顶不仅能够提升建筑物的稳定性，还能够拉长建筑的纵深，提升建筑内部神圣庄严的气氛。

纵然筒形拱顶的建造一定程度上提升了建筑的稳定性，但其同样也有弊端，即不能在高度和广度上再有所提升。于是，在罗曼式建筑的后期，为了进一步提升建筑的稳定性，建筑师们使用了类似于哥特式建筑中的"肋骨拱"来替代圆拱。这不仅为罗曼式建筑提供了更有力的支撑，也为哥特式建筑尖肋拱顶的诞生提供了参考依据。

◎ 细微的辅助——罗曼式扶壁

飞扶壁的前身便是罗曼式建筑中使用的"扶壁"结构。"扶壁"也同样是古罗马时期继承下来的一种建筑要素。罗曼式建筑中的"扶壁"结构少量突出于墙面，通常协助支撑圆拱。但"扶壁"在罗曼式建筑中只是起到辅助作用，主要的承重结构还是厚实的墙壁与敦厚的柱子，因此并非罗曼式建筑的明显特点。而在之后的哥特式建筑中，正是因为想要减少厚实墙壁与柱子的使用，才将"扶壁"进行了结构上的拓展，产生了哥特式建筑中最具特点的元素——"飞扶壁"。

◎ 敦厚的支柱——罗曼式墩柱

作为以"古罗马建筑风格的复苏"为目标之一的建筑形式，柱式的使用在罗曼式建筑中自然必不可少。因为砖石制造的筒形拱顶需要有更厚重的墙体进行支撑，所以在罗曼式建筑中，厚实的墩柱便成了为拱顶承重的主体，通常会用整块的巨大石料凿成整体的支柱。

第一章 走进光辉灿烂的哥特式建筑

29

建
筑
巅
峰
艺
术
体
验
——
哥
特
式
建
筑
解
读

早期罗曼式建筑的瑰宝——希尔德斯海姆大教堂

　　位于德国西北部的希尔德斯海姆大教堂是由圣玛丽大教堂与圣米迦勒大教堂两部分组成的。它代表着早期罗曼式建筑的较高成就。其中，圣玛丽大教堂始建于 815 年，1046 年遭焚毁后重建。而圣米迦勒大教堂则修建于 1010—1020 年间。圣米迦勒大教堂可以说是罗曼式建筑风格的典范，对后世建筑艺术的发展影响很大，它也是德国最精美的长方形教堂之一。

圣玛丽大教堂

圣米迦勒大教堂

◎ 独有的特征——罗曼式墙壁

无论是在罗曼式建筑风格兴起之初出现的大量教堂建筑，还是后续被沿用到生活当中的世俗建筑，罗曼式建筑都有一个最大也是最明显的特征，那就是坚固而厚实的墙壁。

仿佛是要与从前的拜占庭建筑划清界限，罗曼式建筑的墙壁厚度相当大，大部分罗曼式建筑的墙面开口极少，窗户多位于墙壁的上部且面积较小，除了采光无甚他用。这一点直到罗曼式建筑后期，哥特式建筑产生时期才有所改变。

在罗曼式建筑的内部，厚实的墙面通常也会做一些装点，如在意大利大型的罗曼式教堂中可以在墙面上看到精雕细琢的完美壁画。

罗曼式建筑赏析

"古罗马的恢复与重建"是罗曼式建筑长期不变的核心议题，罗曼式建筑是古典文明的缩影，是当时的欧洲人与古罗马精神建立联系的重要纽带。带着这样的意念，罗曼式建筑师们造就了一批世界级的建筑作品。

◎ 初期的经典——施派尔大教堂

罗曼式建筑涌现的初期，经典的建筑类型多为主教堂与修道院。初期的建筑作品大多是至高无上的权力象征。位于德国莱茵河畔的施派尔大教堂

施派尔大教堂

（正式名称为"圣玛利亚和圣史蒂芬主教座堂"）是罗曼式建筑初期的经典，也是目前世界上留存的最大罗曼式教堂建筑之一。

施派尔大教堂始建于 1030 年，其平面整体呈长方形，建有三大殿与十字形双耳堂以及地下墓穴。进深总长 134 米；中廊长 70 米，宽 13.5 米；

施派尔大教堂的内部结构

正厅宽度 37.62 米，高 33 米。东西两塔的建筑高度为 71.2 米和 65.6 米。施派尔大教堂主要的功能便是体现德意志皇权的崇高以及用作举办国际会议。

施派尔大教堂的建设跨越了前罗曼式与罗曼式两个时期。开始兴建时的施派尔大教堂使用的是木构屋顶，并且地下墓室与上方教堂对立的空间关系，以及横纵向坚实的拱门划分是前罗曼式空间关系的典型代表。直到在 11 世纪末一次重要的重建工程中，教堂中堂的屋顶被改造为交叉筒形拱顶，此时的施派尔大教堂开始拥有了罗曼式的建筑风格。

建筑巅峰艺术体验——哥特式建筑解读

耳　堂

　　耳堂又叫作横厅，是拉丁十字形教堂的横向部分，在西方教堂建筑中多有出现。若以平面看去，耳堂就是从中庭向左右两侧延伸出去的翼部。在耳堂的两侧通常会设置许多小型圣堂。在布尔日大教堂、科隆大教堂以及坎特布里大教堂等著名教堂建筑中均有耳堂的存在。

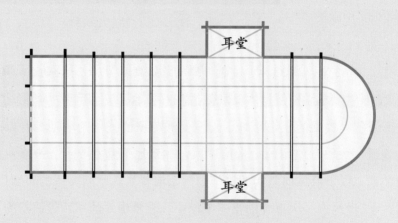

典型拉丁十字形教堂平面图

◎ 罗曼式建筑形成的标志——达勒姆大教堂

　　达勒姆大教堂兴建于 1093 年到 1133 年间，位于英国达勒姆郡维尔河湾的石坡顶上，在当时属于一处防御高地。它同样体现的是英国统治阶层想要表达的皇权威严以及追寻的古罗马精神。达勒姆大教堂总体进深为 60 米，宽 12 米，有三大殿、双耳堂以及三段式唱诗台。它是英国最典型的罗曼式教堂，也是第一批完全使用石料拱顶的建筑之一。教堂拱顶采用交替式支撑结构，并且拥有了突出的罗曼式建筑特点——宽厚的墙壁、坚固的柱式以及高挑的窗户。

达勒姆大教堂

在达勒姆大教堂修建的过程中，建筑师们第一次使用了英国独创的十字横肋穹顶技术，通过这种交叉拱顶以及与支柱相衔接的方式，将原本拱顶的压力转移到了地面。教堂内部的三段式唱诗台便使用了这种技术，在降低压力的基础上抬高了建筑的高度，这也是达勒姆大教堂的规模能够达到在 60 米进深的基础上还可达到 22 米高度的原因。这一拱顶结构的使用标志着拱顶技艺的转折，也预见了哥特式建筑拱顶结构的特点。

走进达勒姆大教堂，人们似乎仍可以感受到当年教堂内举办典礼仪式的

达勒姆大教堂内的草坪

达勒姆大教堂内的长廊

盛况，教堂内至今还留存着当年主教的宝座与棺椁。达勒姆大教堂是世界上享有盛誉的优秀教堂之一，著名系列电影《哈利波特》中的很多场景便是在达勒姆大教堂中拍摄的。例如，在《哈利波特与魔法石》中，麦格教授为学生们传授变形咒语的场景便是在达勒姆大教堂中拍摄的。此外，还有哈利波特第一次进行魁地奇练习时使用的草坪场地，以及出镜率很高的走廊等地点，都位于达勒姆大教堂内。

◎ 罗曼式建筑的杰作——比萨建筑群

位于意大利比萨市中心的奇迹广场保留着罗曼式建筑的精华。这里有着保存相当完整的罗曼式建筑群——比萨建筑群。比萨建筑群主要包括比萨主教座堂（即比萨大教堂）、比萨斜塔、圣乔瓦尼洗礼堂以及比萨公墓四部分，每一座建筑都是罗曼式建筑的杰作。

比萨大教堂始建于 1063 年，纵深 95 米。在平面结构上是典型的拉丁十字式，教堂纵向上排列有四排科林斯式圆柱，这是古罗马建筑中常见的柱式之一。大教堂正面与大门上均有罗马风格的雕刻作品，其中由雕塑家布斯凯托·皮萨诺主修的教堂大门被看作意大利罗马风格雕塑的代表作。除雕刻作品外，教堂的外墙均由红白色大理石铺就，色彩鲜明但不浮夸。教堂内部有五个正厅与三座后殿，整个十字形的教堂内部上方由圆拱覆盖。

比萨建筑群

比萨大教堂的外部结构

比萨大教堂的内部结构

建筑史上的奇迹——比萨斜塔始建于1173年，因奇妙的倾斜角度以及伽利略的自由落体实验而久负盛名。比萨斜塔是比萨建筑群中的钟楼建筑，地面到塔顶高55米，塔基占地面积约285平方米，斜塔的重心位于塔基上方22.6米处。比萨斜塔于1178年首次发生倾斜，目前的倾斜角度为3.99度，倾斜向东南，偏离地基外沿2.5米。

比萨斜塔

圣乔瓦尼洗礼堂始建于 12 世纪，它是罗曼式与哥特式风格的结合体，也体现了从罗曼式建筑到哥特式建筑的过渡。洗礼堂整体为圆形，直径 39 米，高 54 米，建造初期采用的是完全的罗曼式建筑风格，在后期的修建过程中使用了哥特式建筑风格。

圣乔瓦尼洗礼堂

圣乔瓦尼洗礼堂穹顶

比萨公墓的修建在历史上没有确切的起止时间，但目前被认可的推测是修建于 12 世纪末 13 世纪初时，是比萨城中尤为重要的公墓之一。比萨公墓整体结构呈回字形，公墓外墙由白色大理石铺就，内部空间存放有墓碑，墙面由大量壁画进行装饰。比萨公墓的回字形结构还形成了由绿地草坪点缀的中庭，这座公墓历经近 9 个世纪的风雨洗礼，历史气息浓厚。

比萨公墓回廊

承旧启新的早期哥特式建筑

起源于11世纪欧洲的哥特式建筑，其发源的美学本源是一种"至美至净"的精神境界。为了能够打破传统，标新立异，哥特式建筑的主导者们要求推陈出新，在罗曼式建筑的基础上展现更加尊贵庄严的气质。

早期哥特式建筑指的是11—12世纪末的哥特式建筑，这一时期的哥特式建筑尚在摸索阶段，呈现出的建筑效果是罗曼式与哥特式特征的交融与过渡。

创造经典——法兰西岛区
的早期哥特式建筑

12世纪，对于法兰西共和国来说意义重大，这一时期的卡佩王朝在一定意义上使法国成为一个独立的国家，尽管它的领地有限。站稳脚跟的卡佩家族十分重视国力的发展与外在展现。教堂作为城市文明的重要承载物之一得到了高度的重视，因此法兰西岛区的早期哥特式建筑也多以教堂建筑而闻名。

法兰西岛区哥特式建筑的萌芽

10—12世纪的法兰西岛区在经历了罗曼式建筑风格的沉淀后开始探索新的建筑形式。尽管当时法国的经济实力较弱，新风格的探索之路走得相对缓慢，但凭借着成熟的罗曼式建筑技艺推动作用，新风格，即哥特式建筑仍以稳健的步伐逐步走向了属于它的历史舞台。

有些学者认为早期哥特式建筑便是法兰西岛区当时具有本地特色的罗曼式建筑。纵然这种说法有它的正确性，但若纵观哥特式建筑的发展历史便知，哥特式建筑是在汲取了大量罗曼式建筑经验的基础上发展起来的新的建筑形式，无论是从建筑技艺、外部样式还是内部装饰都有了很大的变化，是从内涵到外形的整体的逐步变化。

第一座真正意义上的哥特式建筑
——圣丹尼大教堂

位于法国巴黎大区，圣丹尼市中心的圣丹尼大教堂被誉为第一座真正意义上的哥特式建筑。它对于哥特式建筑发展的贡献并不仅仅在于使用了哥特式建筑中典型的建造与装饰手法，还代表了这一建筑是如何从罗曼式建筑演变成哥特式建筑的，而这一点要归功于这座教堂在翻修改建时将罗曼式建筑的部分特征很好地保留了下来。

圣丹尼大教堂并不是从一开始就是一座典型的哥特式建筑。在 5 世纪前后，这里就已经建造了一座罗曼式的教堂。在此后的 600 多年里，这座教堂被多个王朝的国王先后主持改建，直到 12 世纪，卡佩王朝的第五任国王路易六世和随后的路易七世在圣丹尼修道院院长苏热的建议下，将之前加罗林王朝时期修建的教堂进行扩改建，作为卡佩王朝的陵园，由此，一座哥特式教堂诞生了。

圣丹尼大教堂

1140—1144 年改建阶段的圣丹尼大教堂被认为是哥特式建筑的开端。在这一时期，主持修建教堂的院长苏热在教堂的西侧修建了双塔式前廊，在教堂里面中心处设置了一扇圆形花窗。双塔和花窗都被视作哥特式建筑的开始。在教堂回廊的部分，苏热采取了尖肋拱顶加束柱的支撑方式。当然，此时的束柱这一表现形式尚不够完善，只是采用了纤细的立柱取代了墙体，但这一建筑形式还是明显具备了后来哥特式建筑的相关特征。

　　使用纤细的立柱代替墙面还带来了另一项重大建筑变革，那就是大量彩色玻璃窗的使用。"要有最明亮的窗户"是苏热在营建教堂过程中最重要的

圣丹尼大教堂的内部结构
（教堂内部已于 13 世纪初期重新整修）

考虑。通过明亮的窗户，整座教堂都能被光线照亮，透过窗户上精致的图案，便可以让教堂内部充斥着各种各样变化莫测的颜色。通过光与影的结合，使人们感受到那种既神秘又浪漫、既严肃又自由的精神升华。

从圣丹尼大教堂开始，排窗与彩色玻璃组成的窗上图案成为哥特式建筑不可或缺的组成部分。事实上，圣丹尼大教堂的花窗构造与排布甚至比 12世纪的许多哥特式建筑还要成熟与华丽。中央的圆窗取代了墙面的排窗，大门上的小窗以及窗上各种各样的图案相互交织。同时，由于采用束柱取代墙面对教堂整体造型的影响，因此纤细的立柱成了陪衬，走进教堂，人们第一

圣丹尼大教堂内部壮丽的玻璃花窗

眼关注的可能就是束柱之后的彩色玻璃窗。同时，如果是从窗户外部向内看，还可以看到教堂内部具有哥特式风格的雕塑若隐若现，更是加强了教堂整体的神秘氛围。

当然，处在罗曼式建筑与哥特式建筑的过渡时期，圣丹尼大教堂时至今日仍然保留着些许罗曼式建筑的痕迹。比如，从建筑外观察建筑整体便会发现，下层建筑仍然保留着罗曼式建筑的外形，但是在上层，大落地花窗、高层的尖拱、细长的束柱都体现了哥特式的风格。

圣丹尼大教堂的外部细节

从公元 7 世纪起，圣丹尼大教堂先后入葬了 38 位法国统治者以及 21 位王后。18 世纪，圣丹尼大教堂在法国大革命期间不幸遭到损毁，后于 19 世纪初时在拿破仑的主持下完成第一次大规模修复。在此后的 200 年间，圣丹尼大教堂又先后经过多次修复。如今的圣丹尼大教堂呈现出了从罗曼式到早期哥特式再到盛期哥特式的多种风格。其中，现今留存的圣丹尼歌坛的彩色玻璃窗呈现出了强烈的辐射式哥特装饰风格，是圣丹尼大教堂极为壮丽的景观之一。

与你共赏

法国哥特式建筑诞生的另一代表作——桑斯大教堂

始建于公元 1140 年的桑斯大教堂位于法国勃艮第大区的桑斯，它同样也是哥特式建筑诞生的代表作。由于在建筑的外观呈现上，桑斯大教堂看重坚固更胜于华美的装饰，再加上地理位置上并不位于中心的巴黎大区，而且修建时间极长，诸多原因使得桑斯大教堂并不如圣丹尼大教堂那样极负盛名。

法国桑斯大教堂

桑斯大教堂的内部结构

早期哥特式的经典之作——拉昂大教堂

早期哥特式的探索被总结为两个阶段，第一阶段是探索与变革的时期，集中的体现便是圣丹尼大教堂、桑斯大教堂以及1150—1160年前后修建的努瓦永大教堂。第二阶段是稳定与创新的时期，在汲取了大量罗曼式建筑的经验之后，早期哥特式结构愈发稳定，技艺上的创新也愈发多样。

拉昂大教堂是这一时期较为经典的建筑作品，它的建造时间早于巴黎圣母院三年，于1160年始建，于1225年完成。由于拉昂大教堂是在原罗曼式建筑被烧毁的基址上进行的重建，因此，比起巴黎圣母院，拉昂

拉昂大教堂西立面

拉昂大教堂的外部结构

大教堂仍然不能说是完全意义上的哥特式建筑。在早先的设计图纸上，拉昂大教堂原本的计划是七座塔楼，但最终并没有全部建成。

拉昂大教堂尖锐挑高的双塔与天际相交，双塔及主体建筑侧壁上有一排伸出墙体的滴水兽，生动而形象。如果从正面由下及上看去，三座大门正中的玫瑰花窗、尖肋拱顶与左右两边的高塔结合在一起完美地诠释了早期哥特式建筑的特征，这种特征不仅能够产生强烈的视觉冲击，对于建造者或是来访的人来说，也能感受到一定的精神感召力。除了双侧及侧壁的滴水兽，拉昂大教堂也相当重视立柱与墙壁上的浮雕，宗教人物及故事形象被完美雕刻

拉昂大教堂内部拱顶细节

拉昂大教堂大门雕塑

其上，增强了教堂整体的艺术感。

在拉昂大教堂的雕塑装饰中，还有一类极特殊的存在，就是双塔上的牛、狗等各类动物形象，使原本庄严肃穆的教堂产生了一丝趣味性。这不仅仅是为了起到装饰作用，也是为了感谢在修建拉昂大教堂过程中做出贡献的拉车运石的动物们。

拉昂大教堂高塔上的动物雕塑

早期哥特式的完美之作——巴黎圣母院

在早期哥特式建筑中，始建于公元 1163 年前后的巴黎圣母院堪称这一时期的完美之作。与拉昂大教堂相比，巴黎圣母院的营建技艺更加多样，也是历史上首次使用飞扶壁这一支撑技艺的教堂。并且巴黎圣母院在多年的营建过程中幸运地没有受到干扰，于 1345 年完成了全部修建工程。

巴黎圣母院，正式名称为"巴黎圣母主教座堂"，它位于法国巴黎美丽的塞纳河畔，无论是建筑地位还是历史地位都无与伦比，是世界上最为辉煌的哥特式建筑之一。

塞纳河畔的巴黎圣母院

巴黎圣母院是一座完全属于哥特式建筑风格的教堂，其耗时近 200 年才具有了如今能够看到的恢宏规模。法国著名作家雨果曾这样形容巴黎圣母院——"一部规模宏大的石头交响诗"。

  巴黎圣母院从立面上看，建筑总高度约 130 米，主体建筑正面双塔高约 69 米，主教堂内束柱 24 米，连接尖肋拱顶形成主教堂约高 35 米的壮观穹顶。从平面上看去，整座巴黎圣母院纵深约 128 米，宽 47 米，呈典型拉丁十字造型。

巴黎圣母院西立面

西立面有深凹大门 3 座，中间是主门，为"最后的审判"之门，左右两侧分别是献给"圣母"与"圣安娜"的门。这 3 座大门均带有连续环绕的尖拱券，上刻有一排古代国王的雕像。在雕像上面大约二层高度的位置是直径长达 13 米的玫瑰花窗，再向上尖拱与塔楼连接成为整体。在教堂的侧面，是为了让建筑的稳定性更强而首次使用的飞扶壁。

走进巴黎圣母院，其内部整体给人的是神秘、庄严与肃穆的感受。早期哥特式建筑的内部装饰并不多样，相对比较朴素。这也使得彩色玻璃窗格外耀眼。主殿两端都有大型的彩色玻璃窗，图案内容多以宗教与圣人崇拜故事为主。花窗上的彩色玻璃碎片看似各有形状，但经过工匠们的精雕细琢使其

巴黎圣母院的内部结构

在窗上相得益彰。这些花窗将光线折射成五彩斑斓的景象，洒落在室内的每个角落。

巴黎圣母院是时代的标志，它彻底摆脱了沉重的墙壁与柱式以及幽暗的空间，完全冲破了旧时罗曼式建筑的束缚。它带来了更高、更广也更为明亮的空间，代表了当时的建造者们在精神升华这一概念上的建筑转化。在尖肋拱顶的使用上，巴黎圣母院创造性地延伸出了"骨架券"这一建筑形式，使得拱顶的重量进一步减轻，同时也简化了施工的工序。为了配合骨架券与花窗的更多使用，巴黎圣母院的建造还最早使用了"飞扶壁"这样一种辅助支撑手段，更加稳固了建筑的结构。

巴黎圣母院内的浮雕以及束柱

破碎的美丽——巴黎圣母院的彩色玻璃窗

放射状、联排状、圆形、长条形，巴黎圣母院的彩色玻璃花窗享誉全球。其中，呈放射状的圆形玫瑰花窗，设计复杂，采用了无数块彩色玻璃碎片制作而成。它看上去是那样单薄而易碎，却又长久地保持在那里，绽放着美丽。当人们走进巴黎圣母院，当阳光透过彩色玻璃窗映入眼帘，人们感受到的是惊为天人的美丽、神秘与极致的梦幻。

巴黎圣母院内的玫瑰花窗

2019 年 4 月 15 日，巴黎圣母院发生火灾，火势蔓延而难以抑制，巴黎圣母院高塔塔尖倒塌。在倒塌的过程中，彩色玻璃窗也受到了不同程度的损毁。灾难过后，巴黎圣母院修复工程启动，目标是在 2024 年巴黎奥运会前恢复巴黎圣母院昔日的辉煌。全世界都在持续关注着这一盛大的工程，希望那来自公元 13 世纪的绝美艺术之花能够再次绽放。

巴黎圣母院内的玻璃花窗

风格变迁——法国其他地区的变体哥特式建筑

在新旧结合、交替、并列的早期哥特式时期，在除法兰西岛以外的法国其他地区也先后产生了哥特式建筑。受到第一座哥特式建筑——圣丹尼大教堂的影响，许多建筑师将哥特式建筑的技艺与当地的传统风格相融合，既采用罗曼式的拱顶与墙壁等结构，又采用尖肋拱顶、花窗等新式风格，创造出了一批变体哥特式建筑。

法国北部——桑利斯大教堂

在巴黎以北 40 余千米处，法国北部皮卡第大区瓦兹省，有一座历史悠久的中世纪古城——桑利斯。当游客踏入这个古老的城镇，朴素与宁静、舒

桑利斯大教堂

缓与轻松便会瞬间漫上心头。桑利斯古城以诸多自中世纪保留至今的建筑古迹而著称，桑利斯大教堂便是这里最宏伟的建筑之一。

  桑利斯大教堂是这一地区典型的早期哥特式建筑，修建于约 1153 年。桑利斯大教堂的建筑模式明显受到了圣丹尼大教堂的影响，无论是从平面还是从立面上看去，桑利斯大教堂都有圣丹尼大教堂的影子，如与圣丹尼大教堂相仿的西立面。

  在极力仿照圣丹尼大教堂建造技艺的同时，桑利斯大教堂也参考了圣丹尼大教堂新旧建筑风格的融合这一特性。但桑利斯大教堂并不是完全照搬圣丹尼大教堂的各种布局，只是保留了传统的回廊以及粗实完整的柱式，唱诗堂也没有根据新式的建筑风格进行完全的调整，仍然保留了之前便已存在的辐射状祈祷室的形态。

在历史辗转流淌的过程中，桑利斯大教堂也曾遭到破坏，如今保留下来的高达 78 米的尖锐高塔也是始建于 13 世纪。教堂整体的观感也呈现出了强烈的晚期哥特式风格，而早期仿照圣丹尼大教堂建造的部分建筑已于战火中消失。

桑利斯大教堂的内部结构

法国西北部——勒芒大教堂

　　勒芒是法国西北部卢瓦尔河大区萨尔特省的一个市镇，历史漫长而悠久，是法国西北部重要的城市之一。位于勒芒老城区，始建于 11 世纪晚期的圣朱利安天主大教堂，即勒芒大教堂是一座罗曼式与哥特式相结合的杰出作品。法国著名诗人保尔·克洛岱尔曾这样评价勒芒大教堂："我从未如此近距离地接触过一件如此庄严雄伟的艺术品，它的墙壁被金色的光芒笼罩，四周被柔和的粉红色装饰，如同天使一般美丽。"

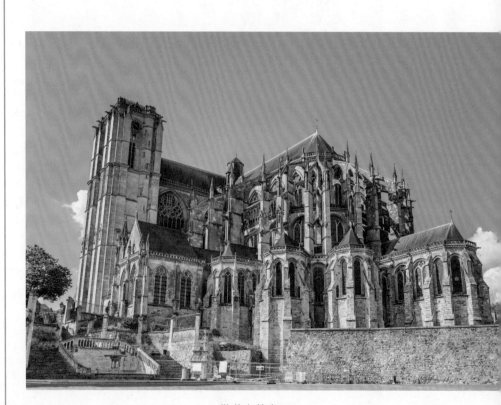

勒芒大教堂

在建设的初期，勒芒大教堂是基本按照罗曼式建筑风格修建的，但尚未完工便遭到了烧毁。至公元 11 世纪 40 年代前后重新翻修时，勒芒大教堂才开始显现出早期哥特式的建筑风格，如教堂的中堂增加了整片的彩色玻璃窗。勒芒的玫瑰花窗是至今保留的历史最久远的玫瑰花窗之一。此外，教堂内天花板上的天使雕刻也代表了哥特式绘画风格的成熟。

在拱顶结构的设计上，勒芒大教堂并不是完全拆除了原来的拱顶，而是在原有的基础上增加了新的墩柱，以新的墩柱支撑旧日的圆拱一路蔓延到教堂的深处。新旧结构的交织在勒芒大教堂内相得益彰。在没有大型彩色玻璃窗覆盖的地方，勒芒大教堂仍然沿用了厚实的墙壁作为关键的支撑工具，这让勒芒大教堂在整体氛围上多了些厚重与严肃之感。

勒芒大教堂的内部结构

勒芒大教堂的流动拱顶

法国东北部——兰斯圣雷米修道院

位于法国东北部香槟－阿登大区马恩省的兰斯市，其最为著名的哥特式建筑是兰斯圣母大教堂。但是，这里要讲的并不是兰斯圣母大教堂，而是同样位于兰斯的圣雷米修道院。

比起在 13 世纪完工、具有出色建筑与装饰技艺的兰斯圣母大教堂，圣雷米修道院保留了更多罗曼式与早期哥特式建筑的风格。圣雷米修道院的始建时间已不得而知，初始时的样式也无从考究。但是，作为当时国王加冕的重要场所，这座修道院几经重修，于 12 世纪末最终形成了如今的规模。

在 1165—1170 年的重修工程中，这座修道院建造于两座旧式边楼的中间。正门采用的是两根古典圆柱的结构，这能够明显地体现它的罗曼式风格。在仍然稍显厚重的罗曼式风格墙体上，建筑师增加了飞扶壁进行巩固。高耸而起的尖塔、大门上的玫瑰花窗以及墙壁上的彩色玻璃窗则直接点明了

圣雷米修道院侧面

圣雷米修道院的内部结构

哥特式建筑的风格。教堂内部则保留了于 11 世纪已经完成的壁柱，但是在壁柱之上，建筑师们安装了新的哥特式拱顶。通过使用纤细整体的束柱使教堂内部的回廊与祈祷室产生连接是圣雷米修道院独特的创新，束柱的使用可以让拱顶结构更加稳定，这就便于调整回廊与祈祷室的结构。

在圣雷米修道院，人们可以清晰地看到从罗曼式到哥特式由上而下的技艺与装饰风格的变化，从尖塔到圆柱，从尖肋拱顶到罗曼式墩柱，圣雷米修道院的建成使得当时兰斯当地的其他老式建筑都黯然失色。厚重与轻松，幽深与明亮，这看似矛盾的特征在圣雷米修道院融合得恰到好处，使得整座修道院显得更加别具一格。

自成一体——英国早期
哥特式建筑

12世纪末，英国开始学习源于法国的哥特式建筑风格。但是，在学习的过程中，英国明显表现出了"独立"的意愿。为英国服务的建筑师们想要在英式哥特建筑中增加更多英式元素，改变法国哥特式建筑的一些典型特征，让英式哥特成为一种独立的建筑风格。

更显华美、优雅与尊贵是英国哥特式建筑自早期开始便发展起来的比较典型的特征。为了能够更多地呈现这一效果，英国哥特式建筑在外部结构及内部装饰上都进行了创新。例如，比起法国哥特式建筑轻薄的墙面，英国哥特式建筑选择了罗曼式厚重的墙体。在装饰上，比起法国早期哥特式建筑的质朴与规矩，英国哥特式建筑发展出了独属于英国的哥特式装饰艺术，让整个建筑具有了更多的艺术性。除此之外，特别的建筑材料、雕塑等也是英国哥特式建筑有别于法国哥特式建筑而自成一体的特征。

英式风格的开篇之作——坎特伯雷大教堂

　　英国肯特郡坎特伯雷市的坎特伯雷大教堂是英国哥特式建筑的开篇之作，它的前身是一座罗曼式教堂。这座教堂真正迎来哥特时期，是在1174年。一场火灾给予这座教堂重创，也为它带来了新生。

坎特伯雷大教堂西立面

1174 年火灾过后，为了重建坎特伯雷大教堂，大量英法建筑师被邀请到坎特伯雷，就重建的设计进行讨论。在这一重建过程中，歌坛规模成为首要的考虑对象，而非高挑的垂直空间。因此，从根本上讲，坎特伯雷大教堂就已经完全区别于法国哥特式建筑风格。法国建筑师古列尔莫在当时提出了要以一种全新的建筑形式重建歌坛，他也付诸了实践。歌坛的拱顶被挑高，安装了自法国引入的代表哥特建筑核心的尖拱。而在通廊和天窗的部分，古列尔莫却使用了罗曼式双层壁构造墙体的建筑手法。

歌坛的东端被视为英国哥特式风格的起源，这是与罗曼式简朴的西部空间相对比的。原有的歌坛规模不够庞大，坎特伯雷教堂的东端便建造了两个耳堂，空间是原来的三倍，这也是英国最早的双耳堂制式教堂。而有幸未在大火中遭到破坏的教堂原本的耳堂与本堂被保留了下来。作为英国哥特式建筑的首创，坎特伯雷大教

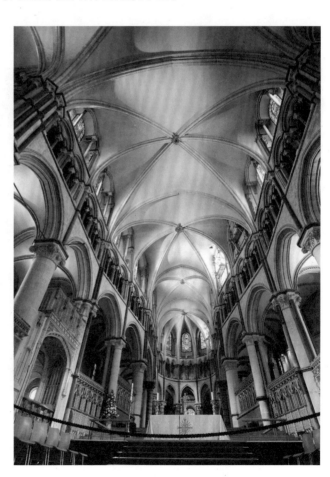

坎特伯雷大教堂拱顶

堂作为范本成了之后英国哥特式建筑营造的参考依据。

　　如今声名远扬的坎特伯雷大教堂规模宏大，其纵深150米左右，建筑内部最宽处达到50米。原本在教堂西段极具法国哥特式风格的双塔三门格局在15世纪也结束了它代表法式风格的历史，位于教堂中部十字交叉处的主塔在这一时期完成了修建，高达78米。狭长的教堂内部与高耸的塔楼表现了强烈的向上拔升的哥特式风格，而教堂的东立面则又表现出了浑厚的罗曼式风格。

坎特伯雷大教堂狭长的中殿

坎特伯雷大教堂的侧面与高耸的塔楼

与你共赏

坎特伯雷大教堂影响下的作品——索尔兹伯里大教堂

　　索尔兹伯里大教堂是英国著名的教堂之一，始建于1220年。以坎特伯雷大教堂为教科书进行修建的索尔兹伯里大教堂是英国哥特式教堂的范本之一。其中，双耳堂的布局最具代表性。

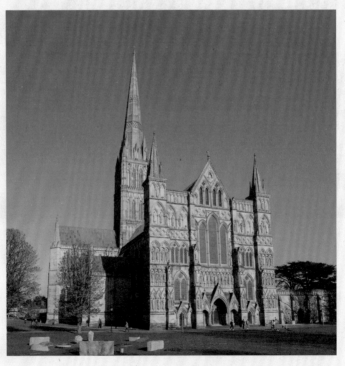

索尔兹伯里大教堂

索尔兹伯里大教堂的影响力不仅仅在于它的建筑价值，在索尔兹伯里大教堂内部还保留着英国原始的四份"大宪章"中最完好的一份，以及欧洲最古老的机械塔钟，拥有厚重的历史气息与人文底蕴。

索尔兹伯里大教堂的内部结构

疯狂穹顶——林肯大教堂

在英国一座美丽又安逸的城市——林肯市中，有一座拥有千年历史，文

林肯大教堂外部全景

化底蕴深厚的教堂——林肯大教堂。它是英格兰最大的教堂之一，也是曾经的"世界之巅"。

　　林肯大教堂在 1192 年建造新式歌坛之前，参考了坎特伯雷大教堂的建筑形式。从平面上看去，林肯大教堂呈现拉丁十字形，同样是三殿加双耳堂。在支撑结构上，林肯大教堂也采用了罗曼式的厚墙。1192—1205 年，林肯大教堂开始修建圣乌戈歌坛，这一歌坛的修建呈现出了典型的英国哥特式建筑风格。

圣乌戈歌坛在建筑史上拥有重要地位的原因之一便是它的拱顶结构。它是欧洲哥特式建筑发源以来将肋骨拱的装饰作用提升到较高层面的最早案例之一，因此也得名"疯狂穹顶"。英国哥特式建筑的装饰主义风格在此处体现得淋漓尽致。

圣乌戈歌坛的肋骨拱设计仅仅是从视觉上看过去便觉得十分复杂。传统的肋骨拱线条整齐而流畅，从纵深上看有清晰的线条延伸感。而圣乌戈歌坛的肋骨拱则采用了完全不对称的设计形式，成了不规则线形网。不规则的一大弊端便是肋骨拱不能汇聚到顶端的中心点，左右两边的承重能力不同，上层空间也可能不稳定。在圣乌戈歌坛，这一问题是依托于罗曼式的厚墙解决的，由此也能看出这一"疯狂穹顶"的装饰性要远远大于功能性，表现出了一种自由而欢快的韵律感。

林肯大教堂的内部结构

英国哥特式建筑在墙面上的一个变化就是减少甚至取消了飞扶壁的使用，林肯大教堂也是如此。已经通过坚实的厚墙将顶部的压力转移到墙及地面，林肯大教堂上的飞扶壁也就失去了它的承重作用，成了一个装饰性构件。事实上，在英国早期哥特式时期，飞扶壁被视作哥特式建筑的典型风格之一而被保留了下来，但在13世纪，英国的哥特式建筑中基本就去除了作为支撑结构的飞扶壁。

圣乌戈歌坛除了"疯狂穹顶"外，其侧殿下部墙体上的装饰造型也成为英国哥特式风格的代表之一。在侧殿以及东部耳堂的下方墙面上，建筑师建

林肯大教堂黑色大理石柱与背后的壁画

造了双层重叠的假拱作为装饰，后排是墙壁上的壁柱与尖券结构，比前排稍低一些，制造出纵深感。而前排与后排之间稍留空间，使用黑色的大理石支柱形成三叶形的券廊样式。在每一根大理石柱的上方雕有天使浮雕。重叠假拱的装饰方法被认为是英国哥特式装饰风格的代表特征之一，在后世的英国哥特式建筑中亦多有呈现。

延展空间

什么是拉丁十字式

　　拉丁十字式是一种在中世纪十分重要的教堂平面结构。它是从十字形的教堂发展而来的。拉丁十字形与普通十字形的区别是拉丁十字形为三边较短，一边较长的形制，而普通十字形四边相等。

　　拉丁十字形与普通十字形都是从巴西利卡建筑形制发展而来的。不同的是巴西利卡常见于公共建筑形制，而拉丁十字形则均用于教堂。拉丁十字式教堂根据需要多将长边设置为入口且多位于西侧，而与长边对应的短边一般位于东侧。

建
筑
巅
峰
艺
术
体
验
——
哥
特
式
建
筑
解
读

最具诗意的教堂——韦尔斯大教堂

    坐落于英格兰索美塞特郡韦尔斯市的韦尔斯大教堂被誉为英国最具诗意的教堂，这要归功于它充满魅力的外观以及丰富多彩的内部装饰。韦尔斯大教堂是一座引人入胜的主教座堂，历史地位较高。作为早期英国哥特式建筑的杰出作品，韦尔斯大教堂真正开始哥特式风格的建造是在公元1175年，其建造工程持续了逾300年。在此期间，英国哥特式建筑也经历了从早期到盛期再到晚期的历史阶段。因此，韦尔斯大教堂的不同区域也就呈现出了不同时期的风格特点。

韦尔斯大教堂

早期英国哥特式建筑风格在韦尔斯大教堂中主要体现在西立面、外墙以及交叉廊高塔的部位，包括下部的券廊和装饰性的雕塑。沿用英国哥特式装饰性大于功能性的风格，所有券廊中的柱子都采用了比柱后墙体颜色更深的石材进行修建，这与林肯大教堂的下部装饰大同小异。最令人惊叹的便是这座教堂的西立面，在高达 100 英尺、宽 150 英尺的立面上雕刻有 300 余件精致的雕塑作品，大多源自 13 世纪。

除了雕塑等早期装饰技艺十分出众外，韦尔斯大教堂在室内拱顶结构的创新呈现上也可圈可点。像巨大花朵绽放一般的装饰性拱顶表现出了这一技艺的成熟与完善，可以明显看出盛期或晚期英国哥特式建筑的装饰特征。

除了哥特式建筑自身的魅力外，在韦尔斯大教堂北面的墙壁上方还存有英格兰现存的

韦尔斯大教堂西立面的雕塑

第二古老的机械钟，建造年代约为 1335 年，也是韦尔斯大教堂的著名景观之一。

韦尔斯大教堂内部的装饰性拱顶

第三章

彰显均衡的盛期哥特式建筑

　　12世纪末到13世纪中叶是哥特式建筑达到鼎盛的时期。 在这一时期，哥特式建筑形式的基本特征已经固定，各种哥特式建筑特征表达完整且清晰。

　　轻快呈流线型的立面与纵深结构，向上挑高到极致的空间，三殿式的内部主体，大量使用的束柱、飞扶壁、花窗体系等都代表着哥特式建筑在这一时期的最高成就。在此基础上，在13世纪30年代前后，在法国还发展出了"辐射式哥特式建筑"，这一哥特式建筑风格在欧洲各国影响深远。

建筑典范——法国沙特尔与布尔日大教堂以及相关建筑

13世纪初的法国已经进入了实力逐步增强、财富积累呈惊人增长的时期。法国哥特式建筑风格一方面通过领土的扩张传播、拓展到更多地区，另一方面，国内哥特式建筑持续的建造也促进了哥特式建筑的不断发展与丰富。此外，在这一时期，修建哥特式建筑如教堂、修道院一类建筑还有另一个目的——展现本国的强盛，建筑规模可想而知。这一时期出现的哥特式建筑成了盛期哥特式建筑的代表与典范，代表作以沙特尔大教堂以及布尔日大教堂为主。

模式的诞生——沙特尔大教堂

于12世纪末至13世纪初被重建的沙特尔大教堂（全称"沙特尔圣母大

教堂"），可以说是盛期哥特式建筑的标志。历经近 30 年的修建，除了从西立面看位于左侧的罗曼式高塔被保留了下来，沙特尔大教堂整体呈现出了纯哥特式的建筑风格。

　　沙特尔大教堂的落成不仅代表着哥特式建筑进入高峰，其建筑形式与结构也成了欧洲地区哥特式建筑的参考模式，影响深远，直到文艺复兴时期仍有建筑沿用该模式。

沙特尔大教堂

◎ 革命性的建筑结构

作为之后百年间仍被参考的典范作品，沙特尔大教堂的建筑结构犹如一种公认的建筑标准，镌刻在后世诸多建筑师的脑海之中。

沙特尔大教堂三层式——拱门、通廊与天窗的立面结构，纵深上三殿式的布局等设计参考了早期哥特式建筑中的圣丹尼大教堂、巴黎圣母院以及拉昂大教堂的建筑结构。沙特尔大教堂的建筑师们将这些建筑中的哥特式风格要素融合到一起，使得沙特尔大教堂的哥特式风格更加纯粹，更具有参考价值。

◎ 哥特式建筑要素的使用

矩形梁间距与尖肋拱顶的配合，束柱的完美使用是沙特尔大教堂革命性的建筑创举之一。建筑的中心是一根圆柱，被周围的四根细柱包裹着，细柱与拱顶相连接，高度上的垂直线条便展现了出来。

束柱与拱顶结合搭

沙特尔大教堂西立面

沙特尔大教堂的内部结构

配，飞扶壁的侧推力完成了对整个建筑物的固定。尽管早期哥特式时期，如巴黎圣母院已经使用了飞扶壁这一结构，但直到沙特尔大教堂时期，飞扶壁的稳定功能才被完全发挥出来。飞扶壁的使用替代了旧时承受拱顶推力的廊台，中和了拱顶向外的张力，使得天窗得以在纵横两个方向上完成拓宽，建筑更显恢宏大气。沙特尔大教堂也因此展现出了在横向上左右对称的均衡之美。

◎ 杰出的哥特式装饰艺术

如果说纯粹的尖拱、拱顶、束柱与飞扶壁的完美结合是沙特尔大教堂的建筑技艺成就，那么雕像与花窗装饰工艺便是它的装饰技艺成就，同样表现出了完整且成熟的哥特式风格。

沙特尔大教堂大量的装饰雕像是哥特式雕塑的代表作之一。立面上拉长的人物雕像均是以圆雕的形式完成，匀称的人物身型、生动的人物神态远远超过了罗曼式时期的建筑雕刻水平，同时也呈现出了哥特式建筑时期独特的审美意趣。

沙特尔大教堂外的装饰雕像

沙特尔大教堂内部华丽的彩色玻璃窗代表了 12 世纪彩色玻璃窗工艺的极高成就。教堂内部著名的彩色玻璃窗共有 176 片，总面积达 2700 平方米，花窗上的人物多达 5000 人。其中，唱诗堂南侧墙面上的 18 幅彩色玻璃画——《耶稣传》庄重而神秘，华美且惊艳。

沙特尔大教堂的玫瑰花窗及彩色玻璃窗

延展空间

哥特式雕塑

　　哥特式雕塑从产生起，其主要作用便是为教堂建筑进行装饰，它多出现在教堂的正门、大厅墙壁以及洗礼盆等位置。有时也作为特别的纪念碑雕塑。

　　比起哥特式风格以前的雕塑作品，哥特式雕塑以人物形象为主，多有拉长的身形、生动灵活的表情与肢体形态；着色常以石材的自然色为主，通常不会过于艳丽。此外，哥特式雕塑对于特定的人物有着较为固定的表现手法，在许多教堂建筑中都能看到几近相同的雕塑身影。

沙特尔大教堂内部的雕塑

米兰大教堂墙面的雕塑

盛期哥特的佼佼者——布尔日大教堂

位于法国巴黎南部布尔日市的布尔日大教堂始建于 1195 年，几乎与沙特尔大教堂的重建同期。虽然同样作为出众的盛期法国哥特式建筑，布尔日大教堂却表现出了完全不同于沙特尔大教堂的独特建筑魅力。以更重比例均衡而著称的布尔日大教堂在纵深与高度上都表现出了更好的协调感。

布尔日大教堂

◎ 独特的建筑结构

布尔日大教堂的独特结构主要体现在它的外部整体结构以及内部拱券与墩柱的纤细比例上。

外部整体结构上，在与沙特尔大教堂几乎同等大小的中厅基础上，布尔日大教堂的拱廊高度达到了 20 米，这比沙特尔大教堂的拱廊高度还要高出 6 米。这样做的好处有二，一个是能够更好地支撑高达 37 米的中厅，另一个是加强了整体的和谐感。

比起沙特尔大教堂，更加纤细的内部拱券与墩柱，使得布尔日大教堂的券廊、侧厅礼拜堂都稍显狭小，这些成了布尔日大教堂独特的结构特色。内

布尔日大教堂的内部结构

部空间因为纤细的建筑结构而被彻底打开，整体室内空间更显巨大。尺度上缩小，而数量上增加的高侧窗为布尔日大教堂增添了更多的采光。

布尔日大教堂的每一步修建计划都看重设计的协调与比例的均衡，使得整座建筑物无论从外部还是内部看都显得相得益彰，从下至上线条的紧凑与流畅感，让人们切实感受到了向上的腾飞之感，这也是哥特式建筑中最重要的感官表达。

◎ 毫不逊色的装饰艺术

作为与沙特尔大教堂齐名的哥特式建筑，在结构具有独特风格的基础上，布尔日大教堂内部的石雕、玫瑰花窗等装饰作品也属于 13 世纪早期的杰作，与沙特尔大教堂相比毫不逊色。

布尔日大教堂的雕塑作品比起沙特尔大教堂来说，更为出众的地方在于对传说人物形象的描绘上，如天使与魔鬼、少年与选民、饱受折磨的生物等。最为出众的是教堂正面的雕刻群，雕塑表情与动作生动形象，含义深刻，是不可多得的优秀雕塑作品。

阳光持续地照入教堂内，使教堂的内部空间更加神秘，这是布尔日大教堂在设计彩色玻璃窗装饰时的重要要求之一。经过细致筛选及打磨的彩色玻璃，使教堂内部空间拥有了更好的光影效果；在对彩色玻璃窗的内容表达上，布尔日大教堂也是以新旧约故事、先知圣人的生平为主。目前现存最为优秀的彩色玻璃作品之一"天使报喜"，便位于布尔日大教堂中的雅各·科尔礼拜堂墙壁上。

除了同样杰出的雕塑以及彩色玻璃作品，布尔日大教堂还有两幅闻名世界的壁画作品。一幅是为了纪念查理七世而完成的，位于牧师会礼堂的圣器收藏室；而另一幅是在杜·布吕尔礼拜堂发现的描绘圣人的壁画。

布尔日大教堂外的雕塑

布尔日大教堂内的玻璃花窗

与你共赏

亚眠大教堂

　　哥特式建筑的另一巅峰之作——亚眠大教堂，位于法国索姆河畔，它始建于1220年。亚眠大教堂是一座平面上呈典型拉丁十字状的大教堂，由三座殿堂、一个宽阔的十字中厅以及由七个小礼拜堂组成的后殿组成。

　　亚眠大教堂极为成熟的哥特式风格展现在它的各个方面。如外部的尖拱大门、尖塔以及内部从地面一直延伸到极高处的束柱，优美的尖肋拱顶，12米高的彩色玻璃窗和成熟的哥特式雕塑艺术。这些典型哥特式风格的呈现方式在之后很长一

亚眠大教堂

段时间里都影响着本国与其他国家的哥特式建筑，如科隆大教堂。

亚眠大教堂的内部结构

沙特尔大教堂与布尔日大教堂影响下的建筑作品

作为盛期哥特式建筑的标志，沙特尔大教堂与布尔日大教堂的建筑结构与装饰影响到了许多同期或后期的哥特式建筑。

◎ 沙特尔大教堂影响下的建筑作品

现存最早、能够明显看出受沙特尔大教堂影响的建筑是位于法国东北部的苏瓦松大教堂歌坛。可以说，苏瓦松大教堂歌坛的开工，就标志着苏瓦松这一地区哥特式建筑受沙特尔大教堂影响的开始。

于 1212 年完成的苏瓦松大教堂歌坛可以说是一个缩小版的沙特尔大教堂歌坛，沙特尔大教堂三层式的立面结构在这里得到了复刻。此外，苏瓦松大教堂加大的侧面高窗以及为加大的侧窗进行的布局更合理的束柱与两层式飞扶壁支撑，都是对沙特尔大教堂相关结构的应用。

除了苏瓦松大教堂，法国北部一些著名的大教堂，如兰斯大教堂以及亚眠大教堂，这些教堂的部分结构设计也受到了沙特尔大教堂的影响。

◎ 布尔日大教堂影响下的建筑作品

建筑风格别具一格的布尔日大教堂在哥特式建筑史上具有广泛的影响。纤细的束柱、高耸的券廊以及极高的侧厅是其他同类建筑重要的参考结构，如库唐斯大教堂、布尔戈斯大教堂以及托莱多大教堂。

与沙特尔大教堂在整体上影响了后世建筑不同，布尔日大教堂的影响多在局部上。例如，库唐斯大教堂是在墙体、束柱以及拱顶的线条上参考模仿了布尔日大教堂在高度上的建造技艺。而托莱多大教堂的侧厅、扶壁系统建筑中能看到布尔日大教堂结构的身影。至于布尔戈斯大教堂，其建筑平面与布尔日大教堂有相似之处。

托莱多大教堂外部

与你共赏

库唐斯大教堂

　　位于法国诺曼底大区库唐斯的库唐斯大教堂是在早期罗曼式教堂遗址的基础上重建起来的哥特式建筑。重建后的库唐斯大教堂规模较从前更为宏大，其极具哥特式风格的尖塔高达80米，内部的建筑结构是以布尔日大教堂为蓝本完成的。如今的库唐斯大教堂已成为法国库唐斯的地标性建筑。

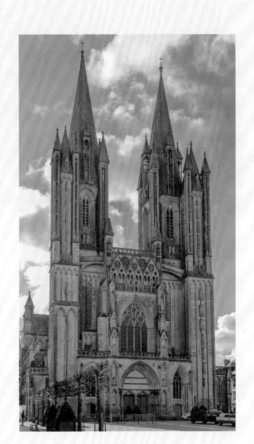

库唐斯大教堂立面

库唐斯大教堂侧面

追求精巧——法国和英国
辐射式风格的哥特式教堂建筑

在经历了盛期哥特式建筑，如沙特尔大教堂与布尔日大教堂等经典作品之后，自12世纪30年代后，哥特式建筑开始向更轻快的上升空间以及更纤细但坚实的支撑部件转化，辐射式哥特式建筑便诞生在这一时期。

辐射式哥特式建筑不是指向上看去向四周散射的拱顶，而是指通过大量使用彩色玻璃窗而营造阳光散射的绝佳景色。为了达到这种效果，墙壁的进一步减少以及花窗造型的变化至关重要，这成为辐射式哥特式建筑的特点。

辐射式风格的现身——圣丹尼大教堂的改建

实际上，辐射式哥特式建筑在整体结构上与之前的哥特式建筑并没有太大差别。最早能够看到少许辐射式哥特式建筑身影的是盛期哥特式建筑：兰斯大教堂以及亚眠大教堂。但是真正作为建筑新风格的辐射式哥特式建筑的出现，还要以圣丹尼大教堂歌坛的上层空间改造为标志。

随着沙特尔大教堂带领哥特式建筑进入盛期，作为曾经哥特式建筑的"元老"，圣丹尼大教堂没有选择隐退，而是选择了"急流勇进"，创造出了新的建筑风格。1231 年，圣丹尼大教堂的中厅与横厅开始翻修，被誉为辐射式哥特式建筑风格最初也是最重要的代表作。

辐射式哥特式建筑的灵魂就是花窗的图案。圣丹尼大教堂经过翻修后的中厅高侧窗构造更加舒展，比例也更加匀称，大量的花窗布局规模更是远超从前。而横厅立面上的玫瑰花窗由小到大，圈圈环绕，每一扇小窗都犹如玫瑰花瓣，组合到一起便形成了一朵完整的玫瑰。从远处看就像是一朵巨大的玫瑰花正在绽放，神秘而梦幻。这也形成了辐射式哥特式建筑的设计标准。

圣丹尼大教堂的玫瑰花窗

辐射式风格的杰出作品——巴黎圣礼拜堂

如果说圣丹尼修道院的改建代表着辐射式哥特风格被正式定义下来，那么于1243—1248年修建的巴黎圣礼拜堂便是将这一风格发扬光大的杰出作品。在巴黎的西岱岛，当年的路易九世下令修建一座礼拜堂，这一命令为法国带来了"巴黎王冠上最璀璨的宝石"，为世界带来了一座巧夺天工的辐射式哥特式殿堂。

巴黎圣礼拜堂

辐射式风格在巴黎圣礼拜堂的展现全部集中在上层，这也是哥特式本身的特点。只有尖拱的上层才有空间完成辐射式风格的设计。在这里，圣礼拜堂的下堂被全部充当为基座，上层为一个没有侧廊的大厅。整个上层大厅除了更加纤细的束柱，其他墙面部分几乎全部消失。在高达 20 米左右的上层空间中，取墙面而代之的是 15 扇高约 15 米的彩色玻璃窗。

圣礼拜堂的外墙

取消边廊，更纤细的束柱向上延伸，在彩色玻璃窗的中上部向上散开，这样的设计几乎都是在为彩色玻璃窗带来的震撼效果做铺垫。巨大的彩色玻璃窗、五彩斑斓的颜色仿佛在天空中绽放开来，犹如烟花一般令人感到华丽与梦幻、轻盈与自由。在 15 扇巨大的彩色玻璃窗上，还描绘了共计 1113 幕圣经故事中的场景，工程量之巨大同样令人叹为观止。

圣礼拜堂建成后，辐射式哥特式风格在法国扩散开来，并于 13 世纪下半叶风靡全国乃至其他国家。于 1262 年始建的圣乌尔班教堂以及于 1276 年完成的斯特拉斯堡大教堂的本堂，都使用了辐射式哥特式的巨大花窗工艺。

圣礼拜堂的玫瑰花窗

与 你 共 赏

斯特拉斯堡大教堂

　　法国斯特拉斯堡大教堂是中世纪重要的历史建筑之一，也是世界著名的哥特式教堂建筑之一。始建于 1176 年的斯特拉斯堡大教堂直到 1439 年才全部竣工，这也是它的内部装饰可以接受到辐射式哥特式风格影响的原因。斯特拉斯堡大教堂的圆形玫瑰花窗以及中厅细长联排的彩色玻璃窗是这座大教堂极负盛名的原因之一。

斯特拉斯堡大教堂

斯特拉斯堡大教堂的玫瑰花窗和彩色玻璃窗

英国辐射式风格代表作——埃克塞特大教堂

以法国哥特式风格为根基的英国哥特式建筑，在发展过程中却逐渐抛弃了法国风格而形成了独属于英国的哥特式风格。但是，在辐射式哥特风格这一点上，英国却全盘学习并引用了过来。

英国哥特建筑在13—14世纪大量使用辐射式风格来建设教堂，这与英国在这一时期迎来了装饰风格哥特式建筑样式有极大关系。装饰风格哥特式建筑，顾名思义，要有极好的装饰效果，而辐射式哥特式风格正好具备这一点。

位于英国德文郡埃克塞特的埃克塞特大教堂是英国典雅且颇有盛誉的哥特式大教堂之一。于 1324 年建成的歌坛有着典型的英国哥特式风格。尖肋

埃克塞特大教堂的内部结构

拱顶的支撑结构在这里更像巨大的棕榈叶，叶脉清晰可见，从两侧汇聚到中央。在束柱后的墙面上是一扇扇巨大的尖顶彩色玻璃窗，四面环绕，一直排列至歌坛的最深处。花窗的画面十分丰富，从室内看去，花窗、束柱、尖肋拱顶相互交错，仿佛一场精彩的烟花盛况。这是英国哥特式建筑受到法国辐射式风格影响的典型代表。

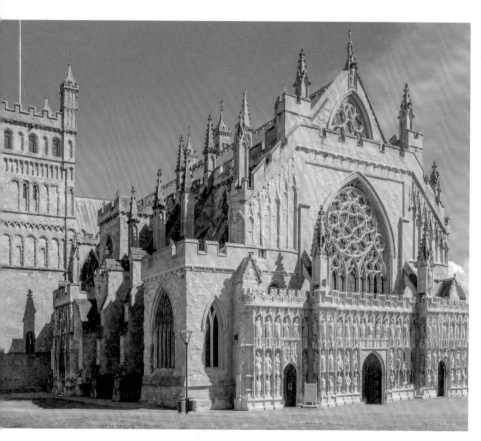

埃克塞特大教堂

别开生面——法国勃艮第、诺曼底、南部地区的哥特式建筑

12世纪后期，在法兰西岛以外的其他地区也先后受到了哥特式建筑的影响，包括勃艮第、诺曼底以及南部等一些地区。由于当地地理、政治、经济以及社会人文等方面的不同，因此这些地区对于哥特式建筑样式的理解与应用也多有不同。

勃艮第的韦兹莱圣马德莱娜歌坛

1170年，随着哥特式潮流的传入，勃艮第地区掀起了模仿桑斯以及努瓦永大教堂建筑模式的热潮，并在"两层"建筑上进行了完善，这是勃艮第地区对于哥特式建筑发展所做出的贡献。

韦兹莱大教堂的圣马德莱娜歌坛是勃艮第哥特式建筑的代表之一，始建于 1180 年前后。在圣马德莱娜歌坛之前，勃艮第地区的建筑仍然受到西多会修道院以及罗曼式建筑的影响。圣马德莱娜歌坛的建造显然更符合法兰西岛上的建筑发展潮流。

比起更重视线条的香槟地区的哥特式建筑，以及在建造技艺上有多重创新的诺曼底地区的哥特式建筑，勃艮第地区的哥特式建筑相对稍显保守，如柱墩的使用，以及一些较为明显的罗曼式痕迹。但是，在内部空间的采光以及表达自由的内涵这两点上，勃艮第的哥特式建筑还是大胆地采用了大量层叠束柱以及花窗等典型哥特式风格技艺。

勃艮第的哥特式风格还影响到了其他一些地区，如日内瓦教堂、洛桑大教堂以及里昂大教堂。

与你共赏

洛桑大教堂

始建于 1275 年的洛桑大教堂是瑞士公认的最美的早期哥特式建筑。它深受法国哥特式建筑的影响，外部有尖耸的高塔。随着洛桑大教堂的建成，高耸的哥特式尖塔成了瑞士洛桑的标志性建筑。除了一眼就能识别的尖塔，洛桑大教堂还使用了哥特式建筑中的尖形拱门与窗户，室内也采用了束柱与尖拱

建筑巅峰艺术体验——哥特式建筑解读

的支撑方式。在教堂的装饰部分，华丽的彩色玻璃窗与哥特式
雕塑成了装饰的主体。

洛桑大教堂

洛桑大教堂的内部结构

诺曼底的圣艾蒂安教堂

　　诺曼底原本是罗曼式建筑风格诞生与发展之所，从法兰西岛上哥特式建筑萌芽开始直到1170年前后却并没有再在建筑上拥有更为光辉的时刻。直到拉昂以及巴黎圣母院始建并成为一股建筑新潮流之后，诺曼底地区的建筑才开始重新焕发生机。

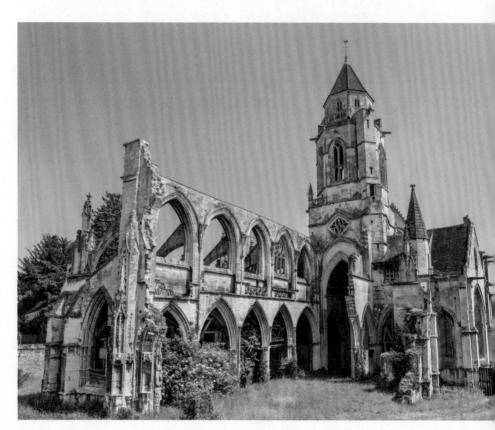

卡昂圣艾蒂安教堂遗址

12—13世纪，即1170—1200年前后，诺曼底地区产生了具有特殊价值的几座教堂建筑。其中，卡昂的圣艾蒂安教堂对于哥特式建筑历史的发展来说有着至关重要的贡献。

在始建于1200年前后的卡昂圣艾蒂安教堂歌坛中，使用了哥特式建筑中许多新颖的表现手法，如大胆地将建筑高度提升到了3层左右，没有拱顶的廊台，以及拱廊之后的单双高排花窗等。礼拜堂的回廊配置了更多的立柱，墙面部分的装饰也一改之前简单质朴的装饰方法，大胆采用了波纹、几何与枝叶等图案进行装饰。这也为后来的哥特式建筑内部装饰提供了参考依据。

南部地区的雅各宾修道院

在法国南部，由于受到当时当地各方势力的影响，哥特式建筑的发展并不顺利。罗曼式、西多会以及一些另类流派建筑都在与哥特式建筑争辉。但与这些建筑相比，哥特式建筑表现出了新颖的创意与内涵，在南部地区也同样留下了相当优秀的哥特式建筑作品。

修建于约13世纪下半叶的雅各宾修道院位于如今法国南部的图卢兹，装饰简洁但气势雄浑，是非常典型的南部地区的哥特式建筑，由教堂、内院回廊以及用膳厅组成。其中，雅各宾教堂是修道院内最具哥特式风格的建筑。

雅各宾教堂使用的是当地独特的红色黏土砖瓦制造，穹顶为罗曼式的圆顶，立柱也是罗曼式的敦厚石柱，这与当地长期受到罗曼式建筑影响有很大的关系。

第三章 彰显均衡的盛期哥特式建筑

雅各宾修道院

建筑巅峰艺术体验——哥特式建筑解读

雅各宾修道院的内部结构

　　尽管雅各宾修道院的穹顶为圆形，但配合这穹顶的是哥特式风格的肋骨拱。在空间的设计上，雅各宾修道院也选择了传统哥特式在高度上的表达方式，有了肋骨拱的支撑，整个穹顶在原本室内空间高度上又被挑高了 27 米左右。在穹顶上，建筑师们以马赛克艺术完成了对穹顶的装饰加工，这一装饰模式即使是纵观整个中世纪也是绝无仅有的，也是雅各宾教堂的不朽之处。

　　除了穹顶与肋骨拱的搭配，雅各宾教堂还使用了与哥特式飞扶壁相互配合的模式，使得彩色玻璃窗有了更多安放的空间。在立柱与肋骨拱立面间，联排的彩色玻璃窗组替换了墙面。当四面的光线透过窗户照进室内，哥特式风格的轻快感减少而罗曼式的庄严与肃穆感增加，成了当地有别于传统建筑的另类建筑风格，而这也是这座整体呈现哥特式风格的教堂建筑能够在法国南部异军突起的重要原因之一。

地方风格——欧洲其他国家的盛期哥特式建筑

高耸的尖塔，尖锐的拱门，消失的墙壁与高大的花窗，庄严、华丽与神秘的偌大空间，哥特式建筑所带来的是很难让人拒绝的无与伦比的魅力，这也是哥特式建筑从法国发源而能传到欧洲各国的原因之一。

13—14世纪末，除了发展出独立风格的英国哥特式建筑外，包括德国、西班牙、比利时等在内的诸多欧洲国家都先后受到哥特式风格的影响，产出了一批同样震惊后世的哥特式建筑作品。

德国——科隆大教堂

集宏伟与瑰丽于一身，它有哥特式建筑的轻盈，也肩负着德国历史的厚

科隆大教堂

重。位于德国科隆市的科隆大教堂是德国最大的教堂，是德意志人民的骄傲，也是世界上非常完美的哥特式建筑之一。

尽管哥特式建筑是从法国起源，但是德国的匠人同样能够完美地将各种哥特式建筑与装饰技艺进行整合应用，并创造了这一座气势无与伦比的哥特式大教堂。

作为与巴黎圣母院以及罗马圣彼得大教堂齐名的欧洲三大宗教建筑之一，科隆大教堂始建于1248年，但直至1880年才宣告完工，中间历时600余年，其主要参考了法国亚眠大教堂的建筑形制。在这600余年中，德国的工匠们得以更好地对教堂的建筑与装饰体系的每一个构件进行设计与打磨，这体现了德意志精神中的严谨、系统以及专注，这也是它能够成为中世纪哥

科隆大教堂的内部结构

特式建筑代表作的原因之一。

艺术史专家认为，科隆大教堂完美地结合了所有中世纪哥特式建筑和装饰元素。教堂外高达 157 米的南北高塔，尖锐直冲云霄，有超过 1 万座小尖塔映衬。西立面有三座尖拱大门，通过大门进入教堂内部，中厅的穹顶高 43 米，由尖肋拱顶、束柱与飞扶壁共同支撑，是哥特式建筑中目前仍然存在的最高中厅。

不仅是哥特式的建筑工艺，哥特式风格的装饰工艺在科隆大教堂中也得到了很好的呈现。彩色玻璃窗的壮丽景象在这里得以扩大，教堂四周的彩色玻璃窗总面积超过 1 万平方米。在修筑的过程中，彩色玻璃窗的设计也几经变化。存留至今，光辉闪耀的四色玻璃花窗应用的是法国哥特式晚期的火焰式风格。金、红、蓝、

科隆大教堂的浮雕

绿四色组合到一起,在阳光的照射下,玻璃窗上的圣经人物仿佛活了过来,亲自为往来的人们讲述着他们的故事。除了彩色玻璃窗,科隆大教堂的石刻浮雕以及壁画也是不可多得的哥特式艺术佳作。

西班牙——布尔戈斯大教堂

说到西班牙,人们第一时间想到的可能是热血与危险并存的斗牛,疯狂的艺术家以及体能出色的运动健将。但热情奔放的西班牙民族的魅力还远不止这些,他们的建筑也拥有着光辉且璀璨的历史。

西班牙的哥特式建筑是哥特式建筑历史中的一朵奇葩。现存的布尔戈斯大教堂便是西班牙引以为傲的标志性建筑,其始建于1221年,是一座独立被宣布为人类文化遗产的大教堂,更是13世纪杰出的哥特式建筑代表。

布尔戈斯大教堂被视作西班牙盛期哥特式风格的开始,比起始建于12世纪的塔拉戈那教堂和昆卡教堂,布尔戈斯大教堂在哥特式建筑艺术上的发展程度更高。以彩色玻璃窗为例,布尔戈斯大教堂的花窗已经开始使用与法国盛期哥特式建筑一样的表现形式,也是此时西班牙哥特式建筑紧跟潮流的表现。

从布尔戈斯的外立面上看去,它是一座与科隆大教堂类似,但比例要优于科隆大教堂的哥特式教堂,参考了部分布尔日大教堂的平面形制。整个教堂以白色大理石为主要材料建造而成,从外部看显得端庄且肃穆。在规格上,布尔戈斯大教堂在西班牙仅次于塞维利亚大教堂和托莱多大教堂,位居

布尔戈斯大教堂

第三，教堂最高处达 84 米，高耸的塔楼顶部针尖塔顶直冲云霄，非常壮观。布尔戈斯大教堂真正的精髓在于它金碧辉煌的内部，其中主要有主座堂、统帅小教堂、金梯、侧殿、回廊等主要建筑。

　　除了在建筑上的成就，在布尔戈斯教堂的内部至今还存放着大量珍贵的历史绘画作品以及大量文物珍品，是了解璀璨的西班牙文化发展历程的极佳去处。

布尔戈斯大教堂主教堂

比利时——图尔奈圣母大教堂

在比利时的西南部，有一座小城名为图尔奈。虽然这座小城规模极小，但拥有诸多中世纪建筑、历史博物馆以及美术馆等，让前来游览的人们得以窥见这座小城以及这个国家的发展历程。

在图尔奈有一座始建于 12 世纪、重建于 13 世纪的大教堂——图尔奈圣母大教堂。自始建时起，图尔奈圣母大教堂便作为比利时早期哥特式建筑的代表作而成为比利时的建筑瑰宝。13 世纪，图尔奈圣母大教堂歌坛重建，以法国的亚眠大教堂为范本，标志着比利时哥特式建筑盛期的到来。

图尔奈圣母大教堂

图尔奈圣母大教堂内部结构

　　图尔奈圣母大教堂的外部拥有五座钟楼，是哥特式建筑风格的典型代表。教堂正门门廊上绘制有大量彩绘图案，代表了哥特式绘画艺术的高峰。教堂内部的正厅与袖廊是罗曼式风格的遗存，而歌坛则是完完全全的盛期哥特式建筑，并且已经应用了辐射式花窗的装饰设计。

　　与科隆大教堂以及布尔戈斯大教堂一样，图尔奈圣母大教堂也是文化遗产的宝库。在大教堂内部留存有公元 7 世纪的绝美壁画以及大量的历史珍品。这座教堂也于 2000 年被列入了世界遗产名录。

哥特式绘画

　　哥特式绘画比起哥特式雕塑能够更多地展现故事情节，也更易进行情感表达。画面中通常有人物、动物以及植物等形象，画风神秘而浪漫。由于哥特式建筑墙壁大幅减少，哥特式绘画在墙面上很难有大范围的发挥，因此大多时候是出现在彩色玻璃窗、画本当中的。

哥特式绘画在彩色玻璃窗上的呈现

第四章

法国和英国繁华别致的后期哥特式建筑

哥特式建筑发展到中世纪末期，已经进入尾声。后期哥特式建筑风格的领军者是英国的"装饰风格"，而在其影响下，法国出现了后期哥特式建筑史上的又一大风格类型——火焰式。就哥特式建筑风格从盛期的辐射式到晚期的火焰式的历史演变主线而言，英国和法国不仅在文化上交流频繁，建筑史上更是交相呼应，共同奏出了哥特式建筑的美妙乐章。

奢华多变——法国火焰式
哥特式教堂建筑

1337 年以来，英法之间旷日持久的战争，让法国教堂的营建一度搁浅。然而即便如此，哥特式风格最后一个阶段的种子也已经被悄然播下了，这就是"火焰式"风格，其对法国哥特式建筑有着极其深远的影响。

火焰式哥特式教堂建筑的独有风格

火焰式风格，是法国哥特式建筑风格的尾声。之所以命名为"火焰式"，是因为这种风格的哥特式建筑中的窗格中有着由双反曲线形成的图样，犹如腾空而起、随风摇曳的火焰，恣意而热烈。

火焰式风格发轫于 14 世纪下半叶，一直到 16 世纪，需要注意的是，所谓的火焰式哥特式教堂建筑，大多不是新建的，因为在整个 14 世纪，法国几乎没有新建教堂，所以火焰式风格也只是用在大教堂的改建或者重建之中，主要体现在那些精美的花窗格上。

在火焰式的哥特式教堂建筑中，双倍卷曲、彼此缠绕的花窗格图案，犹如腾空而起的火焰，仿佛在倾吐着深陷战争中的人们心中的郁结。

此外，火焰式的哥特式教堂建筑中的束柱开始摆脱柱头的束缚，许多细柱直接拔地而起，直达拱顶，摇身一变为肋架。拱顶上也开始装饰密布，肋架演变成星形或其他复杂形式。

独特的火焰式风格一经问世，便迅速俘获了当时很多人的心，尤其是在浪漫的法国北部的人们，对这种哥特式建筑风格更是着迷，也因此创造了很多建筑艺术珍品。

法国最具代表性的火焰式哥特式建筑主要集中在诺曼底大区首府鲁昂，包括圣马克教堂、圣旺教堂、司法宫等。其中，圣马克卢教堂那华丽得如同圣殿的五边形西立面，就是火焰式建筑的一座丰碑，其将坚固的墙体解构成由尖塔装饰的对角斜线所组成的建筑外观，如同凝固的复调音乐，令人看了血脉贲张，心向往之。

鲁昂圣旺教堂

花　窗　格

　　如果你有机会漫步在哥特式教堂之中，那么一定要领略一番花窗格的魅力。如果说教堂是威武的卫士，那么花窗格就可以说是卫士身旁围绕着的窈窕淑女了。

　　花窗格是一种镂空的装饰构件，在哥特式窗户上方、屏风、镶板或拱顶表面，都不难发现它的倩影。

　　哥特式建筑中的花窗格多以两种类型出现，一种是简约的板状花窗格，也就是在窗口的上方做成单一的圆形或者四瓣型的孔；第二种是棂条花窗格，在窗框之内，石条呈现垂直状，向上在顶部进行交织，从而交织成了镂空几何和植物的花纹。

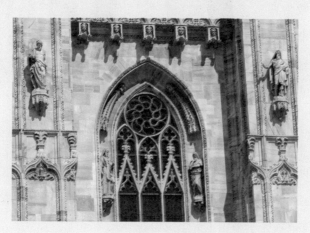

哥特式建筑中的花窗格

精致的法国火焰式哥特式教堂——鲁昂大教堂

鲁昂大教堂是法国重要的后期哥特式建筑，其西立面装饰有很多属于火焰式风格。教堂始建于 12 世纪，13 世纪遭大火后重建，到 16 世纪才基本建成如今的样貌。教堂中央大门的左侧为圣罗曼塔楼，右边为伯尔塔楼。

鲁昂大教堂西立面是一个非常复杂的工程，建筑师在 13 世纪的西立面基础上加上一层新的装饰属于火焰式哥特式建筑的装饰风格。比如中央门廊上面装饰了一个精致的玫瑰花窗，带有火焰花饰，两侧门廊上装饰了带花窗和雕像的盲窗。圣罗曼塔楼和左边门廊之间的装饰嵌板完全采用了火焰纹窗花。

鲁昂大教堂西立面

巧夺天工——英国装饰风格的
哥特式教堂建筑

英国装饰风格的哥特式建筑的突出特点

1280年到1375年这近百年时光，装饰风格在英格兰土地上盛行一时。

之所以叫装饰风格，是因为此时的装饰极其奢华富丽，呈现出英国哥特式建筑向晚期发展的特点。随着花窗格的广泛使用，厚重的墙体连同装饰被建筑师摒弃，英国哥特式建筑和欧洲大陆哥特式建筑的建造开始趋同。

装饰风格的突出特点是多用S形曲线，也就是俗称的"双弯曲线"。装饰风格发展到鼎盛期的时候，在英格兰的土地上遍地开花，从埃克塞特和约克大教堂，韦尔斯和布里斯托尔教堂的唱诗厅，伊利大教堂的塔楼、唱诗厅和圣母院中，都能看到它的影子。

典型的英国装饰风格的哥特式建筑

◎ 极具诗意的教堂之一——韦尔斯大教堂

韦尔斯大教堂的装饰风格十分突出，在其八角形教士会堂中央的一根柱

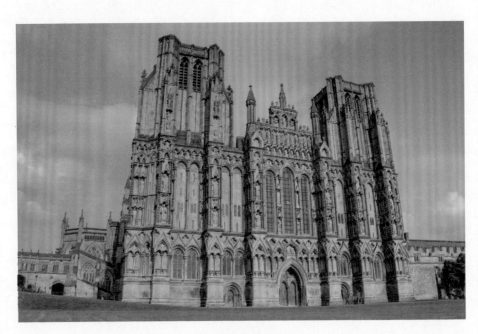

韦尔斯大教堂

韦尔斯大教堂的内部结构

子上，32 根肋拱同时升起，向四面八方延伸，跟八根环绕在墙壁束柱上的拱肋交缠在一起。

在韦尔斯大教堂的唱诗厅穹顶上，对角肋与边拱肋形成大大小小的尖角菱形，遍布整个空间。内部墙体的券廊与高侧窗之间还安上石窗棂。

韦尔斯大教堂的另一创新之处，是 15 世纪初建成的极具魅力的拱券。拱券径直插入耳堂与正厅交叉处，支撑着整座塔楼的重量，从外观看很像是两个相互交错的 S 形曲线。这种建筑风格充分说明了"装饰风格"中对角线的重要性。

而在韦尔斯大教堂的礼拜堂中，呈现出另外一种奇观。乍一看上去，中央立柱离奇消失了，屋顶像一艘小船，漂浮在穹顶，视线则从立柱之中一览无余，一直看到屋顶。

韦尔斯大教堂是装饰风格教堂登峰造极之作，毫不夸张地说，任何装饰风格建筑元素，都能在这里找到对应的建筑。

韦尔斯大教堂的立柱与穹顶

◎ "装饰风格"的巅峰作之一——伊利大教堂

伊利大教堂

1322 年，伊利大教堂中的中央高塔倒塌。而后，建筑师在教堂的空白区域里重建了一个八边形的塔楼，这座八角塔楼成了这座哥特式教堂建筑中最漂亮的装饰风格建筑。

这座塔楼的拱顶遍布星形图案，花窗格从窗户延伸到室内各个角落，小拱廊呈现水波形状，环绕四壁。塔楼中的窗户被设计得很大，巨大的窗户上方是富丽堂皇的拱顶，拱顶上的木质结构制作十分精

伊利大教堂的内部结构

细，被粉刷成近似于石头的颜色，与周围的建筑搭配起来十分契合。

除了八角塔楼外，这一时期伊利大教堂中重建的开间也别具创新意识，邻近祭坛后部空间的奢华主题在这里得以充分发扬。这种奢华，从回廊镂空处的金银细工花窗格和星形枝肋穹顶，可见一斑。各种繁复的花纹装饰令人目不暇接，让人坚信这是一座真正的圣殿。

在伊利主教堂中，由 S 形曲拱构成的三层波浪形券廊覆盖了教堂四壁。

教堂由壁龛、三角墙穹顶、卷叶饰和小尖塔构成，有极其鲜艳的颜色，雕刻的叶饰和人物雕塑，更为这栋迷人的小建筑增添了无数情趣，也带给无数人艺术的美感。

延展空间

追溯伊利大教堂木制拱顶的历史

英国盛产木材，外加有发达的造船业，庞大的舰队让他们很容易从海外获取各种珍贵建材，因此工匠们的高超营建水平便有了用武之地，尤其是13和14世纪，一系列模仿石头外观和纹理的木制拱顶被大量建造。

这些拱顶结构精巧、轻盈，其中最著名的当属14世纪40年代建造的伊利大教堂的八角形塔楼中的拱顶。修道士们想在塔楼上面建造一个巨大的灯笼式屋顶，木质似乎是最好的选择。事实上木质屋顶也有成功先例，那就是14世纪约克八边形礼拜堂的木材穹顶。

这些木制拱顶自打安装的那一天起，就被各种各样的凸雕饰不厌其烦地装点着。这种装点是如此令人赞叹，以至于19世纪时，很多大建筑家都坚信哥特式建筑才是建筑的最佳营造途径，能体现出能工巧匠最极致的建筑水平。

◎ "装饰风格"的不朽杰作之一——约克大教堂

约克大教堂是英国装饰风格的不朽杰作之一。

约克大教堂是英国乃至整个北欧最大的教堂，与伊利大教堂一样，这座教堂中高 30 米的拱顶也是用木头做的，整体看起来如网状一般。

在教堂西立面中心部分雄伟的巨大窗户上，火焰式的花窗格密布其上，东面一整片的彩色玻璃窗，大小近乎于一个网球场，花窗上的曲线造型复杂交错，华丽、精致得令人惊叹。

约克大教堂

苏格兰民族风格的彰显——英国垂直风格的哥特式教堂建筑

英国匠心独具的垂直式哥特式建筑的特点

垂直风格的得名，是由于它强调建筑的垂直性。英国垂直风格的哥特式教堂建筑的显著特点是，直线在石制窗格中占据绝对优势，窗面面积大幅增长，墙壁的厚度日益削薄，一直到能够承担垂直支撑物的最低限度。

在垂直式的英国哥特式教堂建筑中，早期哥特式建筑墙上立体感的装饰造型被平面线性图样替代，大量垂直线条被广泛应用在建筑上，墩柱拱券因此合二为一。但最突出的特点，是长方形花窗格镶板的大量运用，虽然起源于法国火焰式建筑，但具体应用完全是英国式的。尖券状顶端的花格窗拼接起来，共同构成了教堂的巨型窗户。当这种花窗遍布教堂的表面和拱顶时，石造结构和玻璃窗的区别就消失了，室内有了透雕般的特色。

与你共赏

地上的神迹——牛津神学院

1497年落成的牛津神学院，是标准的垂直式哥特式建筑。

在牛津神学院中，硕大无比的垂饰采取了扇锥体形状，重量全压在横拱券上面，拱券的冠顶则藏在穹顶背后。横拱券那镶褶的尖边，总让人联想到法国和西班牙的火焰式哥特式风格。

在建筑外部装饰的水平板条和三叶形设计的凹肚窗相融合，形成石头与玻璃沟通组合的水波纹。在大堂中央，静静安放着亨利七世及伊丽莎白王后的坟墓，这座著名的坟茔，是英国最早的文艺复兴设计作品。

英国垂直风格的肇始——圣斯蒂芬礼拜堂

　　垂直风格肇始于英国威斯敏斯特的圣斯蒂芬礼拜堂。然而可惜的是，我们今天已经无法看到它的全貌，只能从重修的地下室建筑中一览其风情，想象它曾经的恢宏与壮美。

　　威斯敏斯特的圣斯蒂芬礼拜堂，代表英国哥特式教堂的建造进入新的阶段。这是一座奇特的建筑，它是整个英国最高的教堂，集皇家加冕教堂、丧葬教堂和宫廷礼拜堂的功用于一体。其中堂既高又窄，反映出法国辐射教堂对其建筑的影响。虽然其主体显示了哥特风格的建筑特色，但其奢华的彩绘，S形曲线尖角的装饰，最主要的是地下室中的枝肋穹顶，依然有着鲜明的英格兰特色。

　　教堂的东端有宏大的后堂回廊和向外辐射的礼拜堂，上层建筑摒弃了暗楼的通道，采取了轻薄的墙体。立柱变得更加纤细，沿着地面不断上升，一直升到拱顶的位置。室外则有飞扶垛。墙体上遍布盲花窗格，一派生机盎然。

　　之所以将圣斯蒂芬礼拜堂归为垂直式，是因为它不仅包括内窗拱肩上的垂直盲板条，也包括外墙窗下递降的直棂，都呈现出垂直的特色。

建筑巅峰艺术体验——哥特式建筑解读

垂直风格在英国教堂的进一步应用——重建的格洛斯特大教堂的南耳堂和唱诗厅

从 1331 到 1350 这将近二十年的时间里,格洛斯特大教堂的南耳堂和唱

格洛斯特大教堂

诗厅都得以重建。这是垂直风格第一次在一座重量级教堂建造中得以应用。

在格洛斯特大教堂中，耳堂的大窗户与老圣彼得大教堂礼拜堂的大窗户极其神似，直线窗花的采用使垂直风格凸显出来。但真正令人惊诧的是唱诗厅的罗曼式墙体，虽然历经几百年的风霜洗礼，但大部分墙体依然被奇迹般地保存了下来。

在唱诗厅的罗曼式墙体前，设计者精心装饰了很多垂直风格的构件，这是建筑史上的一个奇迹，也是哥特式建筑在英国发展的一个高峰，标志着垂直式建筑的一个重要转变。

格洛斯特唱诗厅的东端，是用花窗格连接的一处玻璃墙。装饰墙体所用的尖板条，则成为构成花窗格的建筑材料。

格洛斯特唱诗厅穹顶直线型变化极其繁复，为了凸显无数的小隔间，拱券结构上凸饰了很多花纹，因此一种与墙体板条结合得更加和谐的拱顶被发明出来，这就是扇形拱顶。

格洛斯特大教堂的内部结构

扇形穹顶

扇形穹顶是指英国哥特式建筑中独有的一种薄壳天顶结构，这种结构的独特之处是用石片来拼成的四分之一圆形，或是用半圆的锥体相互作用所形成的向内压力，挑起整个天顶。

扇形穹顶是英国哥特式建筑最显著的特征，大规模扇形拱顶最早应用于格洛斯特大修道院的回廊，不断地从各个开间之间进行延伸，细肋则用来划分每个锥体的表面，从而形成无数边沿突起的小镶板。这些小镶板结构精巧，雕刻美丽，每个小尖板的顶端都雕有尖拱花饰。从这个角度来说，扇形穹顶是墙壁花格窗向天顶的延伸，从而将室内建筑营造出透雕装饰的效果。

贵族居所——法国和英国后期的城堡、府邸建筑

法国后期的城堡和府邸建筑

法国哥特式建筑并非只有教堂，还有数量众多的世俗建筑。

◎ 城堡——法国杰出的世俗建筑

12世纪至14世纪之间，法国引人注目的世俗建筑无疑是城堡建筑，它们分布于法国各地。英法"百年战争"接近尾声的时候，更是掀起了营建和保护城堡的高潮。那些高墙林立的城镇都幸运地得以保全，尤其在法国南部的卡尔卡松和艾格蒙尔特，时至今日，依然可以看到它们恢宏的身影。

17世纪，黎塞留大主教将封建时代的很多军事要塞拆除，很多精美绝伦的城堡就此毁于一旦。现存保存最完整的彰显晚期哥特式建筑风格的城堡是阿维尼翁城堡，城堡由高墙和塔楼交相环绕，主题建筑由两个宫殿组成，分别为旧殿和新殿。旧殿质朴，属于罗曼式建筑风格；新殿则更为豪华，属于哥特式建筑风格。

阿维尼翁城堡

◎ 府邸——私人住宅别具风味

随着人们的生活水平提升，法国私人住宅的营造也达到了高潮。

住宅建筑的佼佼者是雅各的财政主管——雅各·克尔在布尔日的府邸。

府邸围着一个庭院修建，采取不对称布局。一边是银行办公室，另一边是私人住所。建筑物上星罗棋布的大批窗户，彼此之间用石头阶梯走廊和门廊串联在一起，屋顶的三角墙、塔楼和烟囱共同组成别具风味的轮廓布局，让府邸充满了生机。

独具特色的英国城堡建筑

◎ 英国城堡的独特之处

从外观上来看，英国的城堡与法国城堡很像，主体建筑附近又增加了很多装饰性的小建筑。

其中，最突出的是一种大厅型的建筑物，城墙又大又厚，窗洞和门洞都用哥特式的尖顶。保存得最完好的大厅是肯特郡彭斯赫斯特宫的大厅，而面积最大的大厅之一则是 14 世纪末，凯尼尔沃思城堡中建造的大厅，由亨利四世的父亲建造。令人唏嘘的是，这座华美的建筑现在早已湮没于荒烟蔓草之中，成为废墟。

当时的人们还很热衷于在城堡中营造塔楼，起初建造塔楼，是出自军事功用和安全保护方面的考虑。但随着战争结束，社会生活步入正轨，塔楼安全保护方面的功用减弱，美学需要开始增强。形态各异的塔楼，也为 15 世纪英国的哥特式城堡建筑平添了许多光彩。

◎ 斯托克塞城堡

严格来说，斯托克塞城堡并非完全意义上的城堡建筑，从平面图来看，它更像是一种住宅建筑，其中有典型的大厅建筑。斯托克塞城堡中的各个建筑以一种不对称的方式聚合在一起，这是中世纪小型庄园主对住宅的普遍建筑概念。相似的建筑布局观念在法国得到普遍认同，直到文艺复兴时期，建筑对称理念才强势回归。

斯托克塞城堡

第五章

德国与中欧地区独具匠心的
后期哥特式建筑

　　德国和中欧地区由于受法国晚期哥特式建筑的影响至深，因此这些地区最杰出的建筑纪念物上都体现出了晚期哥特式建筑风格烙印。虽然以今天的审美眼光来看，这些建筑上的装饰略显繁复，但这无损它成为西方建筑中最美的星光。接下来，就让我们一起来领略德国与中欧地区独具匠心的后期哥特式建筑吧。

简约大气——厅堂式
哥特式教堂建筑

厅堂式哥特式教堂就像法国的火焰式哥特式教堂和英国的垂直式哥特式教堂一样，都是一种融入了本民族建筑特色的后期哥特式建筑风格，各自带有一些独特的特征。

厅堂式哥特式教堂建筑的风貌特征

从 1490 到 1520 年，经过一代代建筑师艰苦的摸索，厅堂式哥特式教堂建筑内部空间得以拓展，并且建筑技艺也得到了突飞猛进的发展。

厅堂式哥特式教堂建筑的独特之处在于其有双重曲线穹顶、从地面直抵拱顶的柱子、大树枝干状的肋拱结构以及贯穿建筑全部高度的大彩色玻璃窗，从而使建筑内部显得更加敞亮、高耸。

在萨克森地区，有许多彰显着厅堂式哥特式建筑风格的教堂，比如始建于 1484 年的弗赖贝格大教堂和始建于 1499 年的教区教堂。这两座教堂的八角形墩柱都呈现内凹的特征。在弗赖贝格大教堂中，本堂和边廊拱顶形成连通的效果；在教区教堂中，有不断向上延伸的扭曲的拱顶肋券，都体现出了厅堂式哥特式建筑的特征。

弗赖贝格大教堂本堂东端

与你共赏

厅堂式世俗建筑——弗拉迪斯拉夫大厅

16世纪初，在查理四世的旧王宫上部，盖起了弗拉迪斯拉夫大厅。这是中世纪晚期占地面积最广的厅堂式世俗建筑，建筑的本意是为骑士们提供比武空间。

这栋建筑的穹顶上肋拱几乎从穹顶到达地面，以双曲线穹顶或三层直线性居多。交相呼应的是骑士阶梯上的穹顶，也被不对称的截段肋拱覆盖。该建筑的别具匠心之处还在于，虽然是哥特式建筑，门窗上却有15世纪文艺复兴早期的装饰元素。这展现出哥特式建筑令人惊异的包容性和创造性。

弗拉迪斯拉夫大厅内部

典型的德国厅堂式哥特式教堂建筑

◎ 马尔堡圣伊丽莎白教堂

马尔堡圣伊丽莎白教堂是德国哥特式建筑的经典之作，也是德国厅堂式教堂建筑之一。

马尔堡圣伊丽莎白教堂的建造，极其注重正面结构的垂直处理。为了保持这种垂直，它把正面建筑上的琉璃花窗改成了尖顶窗。

教堂的三列长廊高度相同，中廊宽度也都一样，东边祭坛尽头是一个半圆室，袖廊两端也是一个半圆室。主廊的间距呈长方形，墩柱也按照一定的距离比例排列。空间结构比例非常适当，教堂完美如艺术品。

教堂西面建有两座塔楼，呈现出高大的四面帐篷顶型。大厅外部没有飞扶壁，主要依靠墙壁和内部的柱子承重，设置在墙壁上的两层窗户也是又瘦又高的形态。从整个建筑的形态和风格中能够体会到属于德国人的严谨。

◎ 弗赖堡大教堂

位于德国西南部的弗赖堡大教堂建于 1340 年，这座教堂被誉为哥特时期欧洲最精湛、最有魅力的教堂，属于厅堂式哥特式建筑风格。

弗赖堡大教堂只建有一栋塔楼。塔楼的四面帐篷形状的穹顶建材是透孔的石头，这种塔楼和教堂正面有密切的结合，这种结合是如此密切，以至于猛一看上去，还以为塔楼是从教堂正面长出来的。

弗赖堡大教堂

典型的奥地利厅堂式哥特式教堂建筑

厅堂式建筑是奥地利哥特式建筑的最大特色，奥地利的厅堂式哥特式教堂不设袖廊，将主体建筑和圣坛紧密结合。

◎ 厅堂式教堂代表作——圣斯提凡大教堂

要说奥地利最浩大的哥特式建筑，那无疑是圣斯提凡大教堂。

这座教堂建筑极其考究，哥特式的蜗状拱，是它的建筑特色之一。侧廊比教堂主廊低一些，但宽度相同，这是奥地利厅堂式哥特式教堂建筑的一大特色。三座长廊呈高低错落式，教堂的内部空间明暗变化丰富，建筑物外观也因此更为丰富。

奥地利圣斯提凡大教堂

教堂没有建立袖廊，只在南北位置各建有一栋锥形塔楼。北边塔楼一直没有建成，南边的塔楼规制严整，直冲云霄，是典型的哥特式建筑特色，尽管建于 13 世纪初，却带有 14 世纪广泛流行在德国南部的厅堂式教堂的特色。可以说，圣斯提凡大教堂是奥地利厅堂式教堂的雏形和代表。

◎ 厅堂式歌坛建筑——伯劳贝格朝圣教堂歌坛

在伯劳贝格教堂中，厅堂式哥特式建筑特点主要体现在其歌坛中。

伯劳贝格朝圣教堂歌坛由八边形的五边组成，宽度有三开间。歌坛中央空间的宽度等于八边形一边的长度，长度与教堂东端的宽度相等。歌坛两个侧面开间与中央开间高度相等，从一侧可以轻松抵达另一侧，因此可以代替回廊。

延展空间

厅堂式歌坛

　　厅堂式歌坛是哥特式建筑晚期，德国与中欧地区相对常见的一种建筑形式，就是将厅堂式的建筑风格应用在教堂的歌坛部分，而教堂的歌坛一般是指处在东端的一部分空间。

流行在德国和中欧地区的厅堂式歌坛一般采用偏心原则，而带有这种形式的歌坛的教堂则都没有两边的耳堂。比较典型的有茨韦特尔教堂歌坛、伯劳贝格朝圣教堂歌坛、海利根克罗伊茨教堂歌坛等。

奇思妙想——网状与星形拱顶、螺旋造型、双曲拱券建筑

典型的网状与星形拱顶的哥特式教堂建筑

14世纪之后长达200年的时间里，拱顶一直是德国及中欧地区建筑领域最辉煌的部分。与西欧其他国家哥特式教堂建筑发展截然不同的是，德国及中欧地区产生了由相交的多组平行肋券组成的网状拱顶、星形拱顶、蜂房式拱顶、锯齿形肋券、波浪双曲肋券以及层叠式肋券等令人眼花缭乱的形式。这些建筑形式风靡于德国及中欧地区，尤其受到德国东部及南部地区人们的喜爱及效仿。

◎ 乌尔姆大教堂的本堂

位于德国乌尔姆市的乌尔姆大教堂中有典型的网状拱顶。此教堂的本堂是德国后期哥特式建筑风格的作品，16世纪初，教堂边廊被一分为二，改建成两个双跨厅堂，分布在本堂的两边。

建筑师同时采取施瓦本格明德教堂的风格，将圆形柱墩、冠板以及枝肋在拱顶基部相交。外边廊拱顶上的对角肋券在内边

乌尔姆大教堂

廊中被简化为枝肋和居间肋，从而造成典型的网状拱顶。

◎ 皮尔纳教区教堂

16世纪初建造的皮尔纳教区教堂是一个带边廊的厅堂式哥特式教堂。

乌尔姆大教堂内部结构

在这个教堂中，设计者使用了很多晚期哥特式建筑中的奇特形式。比如，教堂中堂采用了格眼密集的网状拱顶，而边廊的每个跨间都采用了星形拱顶，歌坛处使用了双曲肋券。

教堂歌坛角上升起的飞肋，也融入拱顶网格中，树干形的肋券上，只有一条成螺旋形的紧紧缠绕主干，上面的其余分枝则一条一条逐条生发，呈现出这一时期拱顶的典型特征。

除了皮尔纳教区教堂，德国具有星形拱顶的教堂还有吕贝克圣母院的圣安娜礼拜堂、安娜贝格圣安娜教堂、布劳恩斯贝格圣母院、布拉格大教堂歌坛、库腾贝格圣巴尔巴拉教堂本堂等。

典型的螺旋造型的哥特式教堂建筑

◎ 不伦瑞克大教堂

在西班牙帕尔马的滨海交易所里面，第一次出现了螺旋形柱墩的身影。15 世纪中后期，它的身影又出现在其他地区的宗教建筑中，具有代表性的就是德国不伦瑞克大教堂。

不伦瑞克大教堂

在不伦瑞克大教堂的北部边廊，每根柱墩上都绕着四根螺旋形的附柱，柱头由于附柱的角度问题，和柱础没有完全对应。在拱券发券处的冠板作为柱头使用，斜角的布置方式使其形成一种多边形。

◎ 圣维塔大教堂

圣维塔大教堂位于捷克的布拉格城堡中，其建造时间从 10 世纪开始直到 1929 年才完工。

大教堂中的螺旋造型主要体现在廊台中，廊台内用树枝做成肋券，从角

布拉格圣维塔大教堂全景

上和中央悬垂托架上升起，刚开始的时候是两度曲线，交叉点越过后成为三度曲线。栏杆花饰也做成树枝的样子，角的形状如同两根互相缠绕的树干。栏杆中部向外凸出，形如扁六边形的四面，中心有尖头。

布拉格圣维塔大教堂侧面

典型的双曲拱券的哥特式教堂建筑——伯尔尼大教堂

伯尔尼教堂始建于 1421 年，这座瑞士最高的教堂，耗时近百年才完成建造，其内部有对经典双曲拱券的使用。

伯尔尼教堂对双曲拱券的使用主要体现在西面门廊的拱顶处，在这里，设计师使用了三向双曲拱券，成为德语区最早的带双曲拱券的拱顶。此外，伯尔尼教堂的拱顶也属于非常典型的网状拱顶。

伯尔尼大教堂

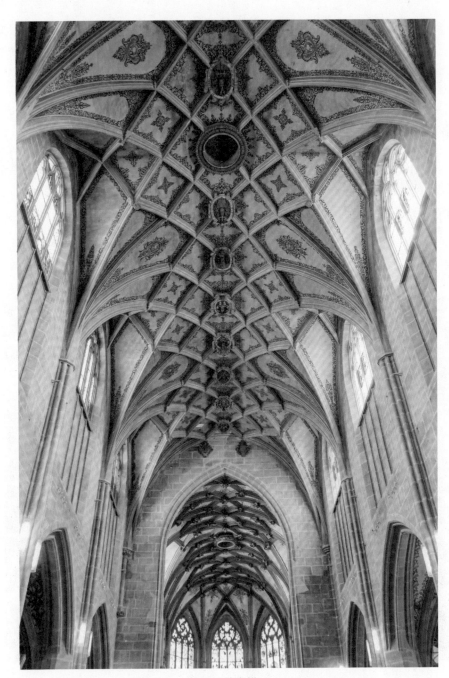

伯尔尼教堂拱顶

丰富多样——显示城市
威望与财富的世俗建筑

　　德国及中欧地区在中世纪的经典哥特式建筑，要数城堡和市政大厅。高超的建筑技术，也让这些市井建筑成为德意志民族建筑王冠上的明珠。当时的人们希望通过这些威严的建筑，彰显城市的威望与财富。

　　基于这样的考虑，建筑师装饰其立面的时候，多采用哥特式的造型。而室内、院落、平面和剖面以及空间形式是否也采取哥特式风格，就需要具体情况具体分析。总体而言，室内如果设置有肋券的拱顶，多采取哥特式样式。

城堡——彰显城市的神秘与高贵

◎ 纽伦堡

德国纽伦堡城墙和城门本来是城市的防卫系统，但有些城门综合了哥特式的分划体系及屋顶形式，因此可被列为哥特式建筑的序列。

纽伦堡远景

◎ 阿尔布雷希茨堡

德国阿尔布雷希茨堡是后期哥特式风格的建筑，它既有城堡的防御功能，又有世俗建筑的生活功能。

阿尔布雷希茨城堡内的房间分布在四层楼上，由一个向院落凸出的螺旋式楼梯连通。主层上的主要房间都使用了拱顶结构，拱顶肋券的面板做凹进的处理。如此，蜂房式的拱顶便在这里产生了。此外，城堡各房间中还使用了星形、网状等各种形式的拱顶。

阿尔布雷希茨堡

建筑巅峰艺术体验——哥特式建筑解读

市政大厅——资产阶级的象征

  在德国及中欧地区的世俗建筑中，还有很多市政厅建筑。这一地区哥特式晚期的市政厅建筑华美精致又优雅，是城市建筑中非常亮丽的一道风景。其中，弗罗茨瓦夫市政厅、不伦瑞克市政厅等都是其中的杰出代表。

◎ 弗罗茨瓦夫市政厅

  弗罗茨瓦夫是波兰西南部的一座城市，其市政厅大约始建于 14 世纪 30

弗罗茨瓦夫市政厅

188

到 50 年代，是这一时期重要的哥特式世俗建筑。

由于波兰特殊的历史环境，这座命途多舛的市政厅曾经三易其主。在 1335 年开始属于波希米亚，1526 年起属于奥地利，1741 年时又被收入了普鲁士。

弗罗茨瓦夫市政厅的装饰十分精巧华丽，其在建造时使用的哥特式建筑元素也非常丰富，可以说从 13 世纪到 16 世纪各个时期的哥特式元素，都能从这里找到。波兰海上贸易发达，砖成为当时建筑材料的首选，市政厅在建造时就使用了当地出产的西里西亚砖，为了增加建筑的美感，砖有时还会被不厌其烦地磨光或上色。

弗罗茨瓦夫市政厅还有一个独特之处，就是对不规则布局的应用，打破了以往严格布局的形式，对以后的建筑造成影响。

◎ 不伦瑞克市政厅

德国不伦瑞克市政厅大约始建于 1302 年，其南翼与北翼的华美拱廊分别于 14 世纪晚期和 15 世纪中期建造，是一座非常典型的晚期哥特式世俗建筑。

这一时期繁荣的城市生活为世俗建筑提供了充足的经费，因此此市政厅建造得极其奢华，成为欧洲中世纪晚期文化与商业发达的有力见证。

不伦瑞克市政厅外观呈现"L"形，两个开放式拱廊上覆盖着精美的花窗格。市政厅的主提建筑由成直角相交的两个主翼构成，两翼共同构成大广场的一角。贯穿里面的壁垛将两翼分为八个跨间，两翼的拱廊上有高大的拱券洞口，上面配有精美的窗花和山墙，本该有实体墙面的地方都被凿空了，这是典型的哥特式作风，类似于英国的垂直风格。

不伦瑞克市政厅

第六章

意大利标新立异的
后期哥特式建筑

　　对于对美学有着极高鉴赏力的意大利人来说，面对哥特式建筑这种12世纪才引入意大利的舶来品，他们并没有像其他欧洲国家那样将其奉为圭臬，照单全收，而是批判性地继承，将其融入自己的建筑之中，为这座举世闻名的浪漫国度增添了别样的色彩。下面，就让我们一起来领略14世纪意大利的哥特式建筑，感受多元融合、时空碰撞缔造的浪漫艺术之花。

多元融合——14世纪
意大利哥特式建筑

融百美于一身的意大利哥特式教堂建筑

　　14世纪，哥特式建筑发展进入了晚期，此时的教堂建筑在装饰上变得叠床架屋，日益雕琢和堆砌。晚期哥特式建筑结构和装饰两厢分离，脱离了理性，结构要素被逐渐淡化，装饰要素日益凸显，最终凌驾于结构要素之上。

　　意大利一边追随哥特式建筑潮流，一边保留着意大利北部的罗曼式建筑风格，并从法国哥特式结构和配件中汲取了很多灵感，比如尖拱、肋架拱顶、玫瑰花窗、小尖塔、飞扶垛，同时赋予它们新的意义。这样的做法导致哥特式建筑离其本来的形式越来越远。到了15世纪，当德国与西班牙的哥特式建筑大放异彩的时候，意大利的设计师已经回归古典，开创出文艺复兴的新风格了。

14世纪的意大利哥特式教堂建筑吸纳各国之长，同时融合自己的民族风格，几乎独立于北方建筑艺术潮流之外。下面来认识意大利托钵修会教堂建筑和此时最典型的一些具有哥特式风格的教堂建筑。

◎ 托钵修会教堂建筑

托钵修会建筑的窗户秀气，建筑各要素间比例匀称，西立面不设高塔，只在十字交叉处设立采光亭，拱顶没有拱肋，只有尖顶。其风格乍一看上去很像英国大修道院教堂，但整体来看是哥特式建筑。托钵修会建筑大多显示出如下特点：建筑朴素，没有过分雕饰；内部空旷，适合作布道之用。

意大利托钵修会教堂建筑的代表有佛罗伦萨的圣十字教堂和新圣玛利亚教堂等教堂建筑。

圣十字教堂

佛罗伦萨圣十字教堂属于圣方济各会（圣方济各会与多明我会等都属于托钵修会）教堂，由建筑师阿莫尔福·迪坎比奥设计，始建于1294年，1443年初步完工，投入使用。

圣十字教堂是意大利哥特式建筑的奠基之作，其内部空间宽敞，整体装饰简练庄重，讲究实用性。

新圣玛利亚教堂

佛罗伦萨新圣玛利亚教堂为多明我会教堂的代表。

佛罗伦萨新圣玛利亚教堂中堂拱廊采取了尖拱券，但依然保持跟早期基督教堂一样的木结构平屋顶，尖拱的结构线划分被首次强调起来，侧堂分割状态也被打破，整个空间合二为一，形成连续的视觉效果。

佛罗伦萨圣十字教堂立面

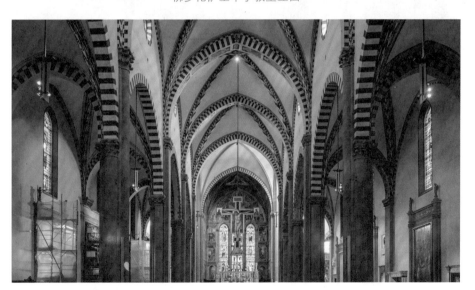

佛罗伦萨新圣玛利亚教堂中堂

◎ 奥维埃托大教堂的西立面

奥维埃托大教堂的西立面是意大利最具代表性的哥特式建筑之一。

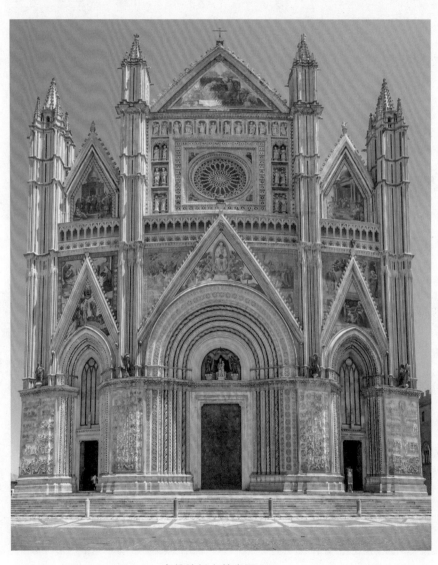

奥维埃托大教堂西立面

在奥维埃托大教堂的西立面，四个凸起的壁柱框架一直垂直上升，直升到上面纤细的尖塔那里。这种向上的延伸感被各种圆形、方形和三角形的建筑构件所平衡，在建筑的垂直与平衡之间，达成了均衡的效果。

◎ 意大利哥特式建筑的瑰宝——米兰大教堂

意大利真正意义上的哥特式教堂是米兰大教堂，这是一座地地道道的哥特式教堂，也是意大利最美的哥特式教堂。

1386 年，意大利维斯孔蒂家族下令兴建米兰大教堂。这是一个宏伟的工程，汇聚了意、德、法三国的顶级建筑师，最终呈现的效果有一种去本地化的复古感。

米兰大教堂

可以说，米兰大教堂是 14 世纪最后几十年的哥特式建筑国际经验的集大成者，建筑模式全部由国外引进，只保留了本土建筑要素中的主殿和侧殿的高度比例。

　　米兰大教堂采取了双拱、带尖塔和尖顶的双扶壁、建筑外部的竖直扶壁和玻璃窗，以及繁复的装饰雕塑，灵感均来自法国火焰式哥特式风格。这座教堂是全世界最负盛名的教堂，既金碧辉煌，又巍峨耸立，如一座地上的圣殿，吸引着海内外游客。

米兰大教堂的内部结构

与 你 共 赏

佛罗伦萨主教堂的哥特式建筑风格

佛罗伦萨主教堂的穹顶是文艺复兴建筑的报春花，但其中堂、立面和钟楼等都是具有哥特式风格的建筑。其建造时间为1295—1496年，中堂、钟楼等大约都在14世纪设计建造。

佛罗伦萨主教堂全景

佛罗伦萨主教堂中堂

　　佛罗伦萨主教堂的内部建筑简朴、装饰简单、空间宽敞，使用了早期哥特式建筑的拱顶结构，外部无飞扶壁。

　　佛罗伦萨主教堂的钟楼基本采用画家乔托的设计方案建造，被称为乔托钟楼。钟楼上面三层的装饰较为丰富，属于哥特式风格。

　　佛罗伦萨主教堂立面建造之初使用哥特式早期装饰风格，但没有完成。现今看到的立面样式是19世纪拆除原先建筑之后重建的，属于新哥特式风格。

佛罗伦萨主教堂乔托钟楼

佛罗伦萨主教堂立面

烂漫的哥特式世俗建筑之花——市政厅

从 13 世纪中期开始，一种崭新的建筑类型——市政厅在意大利悄然流行。市政厅也就是市管理机构的所在地，这种代表着政府机关的庄严建筑一经落成，就成为城市景观的重要组成部分，更彰显了意大利日益增长的发展雄心和独立的决心。

市政厅的建设有着特殊的社会意义，它从根本上改变了意大利大教堂作为城市和宗教建筑一家独大的城市格局，使得建筑从此政教分离。意大利著名的市政厅建筑有佛罗伦萨市政厅和锡耶纳市政厅。

◎ 佛罗伦萨市政厅

　　佛罗伦萨市政厅始建于 1299 年，其外观庄严而质朴，用粗石建造出堡垒的特点。其周围的钟楼、锥形立面交相辉映，与当地很多老宫殿和市政厅一样，带有传统的哥特式建筑风格。

佛罗伦萨市政厅

据了解，建筑师阿诺尔夫·迪·坎比奥是佛罗伦萨市政厅的原始设计师，他还在这一时期设计了佛罗伦萨主教堂和圣十字教堂。

◎ 锡耶纳市政厅

锡耶纳市政厅始建于 1297 年，其造型与佛罗伦萨市政厅特别相近，只是从外部来看，这座建筑受哥特式建筑风格的影响更为明显，这主要体现在它的尖拱三联窗及其装饰上。此外，锡耶纳市政厅的外部装饰也比佛罗伦萨市政厅更加精美。

在锡耶纳市政厅的周围，也有一座高高的塔楼，这座塔楼是意大利所有城市塔楼中最高最优美的一座。

锡耶纳市政厅

崇尚古典——15世纪
意大利哥特式建筑

意大利人一直以来都深受古希腊罗马艺术的熏陶，再加上他们对地方建筑风格的重视，使得他们的建筑很早就背离了典型的哥特式建筑风格。进入15世纪，注重研究和借鉴古罗马建筑遗迹的一批建筑大师便迅速推动了建筑领域的文艺复兴。

15世纪意大利的建筑师虽然也欣赏哥特式建筑的装饰，但他们更喜欢砖石结构和朴素典雅的样式。因此，哥特式建筑风格在这一时期依旧延续，却已非主流。这一时期非常经典的哥特式建筑——米兰大教堂，也是14世纪的杰作。

威尼斯晚期哥特式世俗建筑

中世纪，威尼斯成为连接地中海东部与西欧的咽喉要地。为了满足贵族和商业寡头更高的建筑需求，一种以水面为主体的特殊的城市建筑诞生了。

◎ 金碧辉煌的黄金宫

黄金宫建造于 1440 年，被公认为威尼斯最美的哥特式建筑之一，坐落于大运河上，以其外立面装饰有镏金大理石而得名。黄金宫现在是美术馆，珍藏着意大利 14 世纪到 18 世纪的绘画珍品。

黄金宫的外部装饰采用了威尼斯建筑师所喜欢的直线型风格，整体带有威尼斯哥特式风格，但也融入了拜占庭式建筑特色。

◎ 宏大优美的总督宫

威尼斯总督宫是一座建于公元 814 年的执政厅，建成后多次遭遇火灾，现存的总督宫为 15 世纪重建，具有浓厚的哥特式风格。

威尼斯总督宫的底下两层是开放的连拱廊，上面则是排列紧密的主体建筑和会议室，坐落在两排优美的拱形结构上。上方的主体建筑物上有尖顶窗，它就是凭借宽大的窗口和彩色大理石图案维持坚固性。

威尼斯总督宫以纤巧的拱券和粗细相同的圆柱牢牢支撑住其建筑主体，其设计借鉴了伊斯兰建筑，可见总督宫是一座融合了各种建筑风格的建筑。

威尼斯黄金宫

威尼斯总督宫远景

威尼斯总督宫近景

◎ 皮恩扎小镇

提起 15 世纪的意大利哥特式建筑杰作，皮恩扎小镇必须榜上有名。

15 世纪中期，教皇庇护二世下令改建其家乡——科尔斯纳诺，在科尔斯纳诺的中心建成了一座小镇，并以教皇的名字命名，这就是皮恩扎小镇。这座小镇中比较重要的建筑有大教堂、市政厅、教皇宅邸和主教宅邸等。

延展空间

皮恩扎小镇教堂

按照教皇指示，皮恩扎小镇教堂修筑于 1459 年，带有多边形唱诗堂和三间高度相同的侧堂。高坛末端有五个小教堂，造型酷似一顶王冠。小教堂的拱顶数量也相同，拱顶和侧堂拱顶高度保持一致。教堂内部采光好，又有金星和蓝色背景，使观赏者仿佛置身明媚又梦幻的世界。

皮恩扎大教堂的意义在于采用了正统的哥特式建筑手法。虽然它是向哥特式致敬的文艺复兴建筑，但它比意大利在整个中世纪时期修建的其他建筑都要符合人们对哥特式建筑的想象。为了建立一座地上的天堂，皮恩扎大教堂的建筑者拿掉了层楼，使承重的石柱从粗壮变得纤细，塔尖也越建越高，建筑的空间因此变得更开阔和宏大，外观也更为壮美。

皮恩扎小镇

圣彼得罗尼奥教堂

1390 年，在举世闻名的米兰大教堂设计工作开始后的第四年，博洛尼亚市民兴建的教区教堂——圣彼得罗尼奥教堂开始动工。

圣彼得罗尼奥教堂用砖砌成，两侧都有小教堂。教堂是按照佛罗伦萨主教堂来设计的，计划以庞大的东端来收尾。

1400 年，圣彼得罗尼奥教堂的建筑师去世，当时只完成了六个中堂跨

间中的三分之一，余下的跨间一建便是一百多年，直到 1525 年才建成，但建筑师计划中无与伦比的耳堂和唱诗堂工程都没有修建。尽管没能全部落成，但圣彼得罗尼奥教堂仍是哥特式建筑技术的一次重大突破，它的空间广度、典雅度以及建筑材料的巧妙使用，无不彰显出意大利建筑师的惊人创造性。

圣彼得罗尼奥教堂立面

第七章

低地国家和伊比利亚半岛
后期哥特式建筑

　　所谓低地国家，是指今天的荷兰、比利时和卢森堡三个国家的统称。伊比利亚半岛则包括西班牙、葡萄牙等国家，这些国家都曾盛极一时，也都有着辉煌的哥特式建筑。低地国家的哥特式建筑试图向世人描绘出天堂的模样，令人叹为观止。下面，我们就一起来领略一下低地国家和伊比利亚半岛的后期哥特式建筑风格。

借鉴模仿——低地国家后期哥特式建筑

建筑是民族自信最有力的表达

13 世纪末，伴随着早期工业化的迅猛发展，低地国家的经济取得了举世瞩目的成就，很多经典建筑就诞生于这个时期。这些经典建筑里既有宗教建筑，也有华美的世俗建筑。

14 世纪初，欧洲各国哥特式建筑因取材不同而发展出不同的面貌。有石材的地区建筑就极尽奢华，而在低地国家的沿海地区，建筑石材短缺，哥特式建筑多采用砖结构。这些砖结构的哥特式建筑规模宏大、结构疏落，呈现出海边建筑的独特美感。

与你共赏

荷兰哥特式教堂建筑风格

荷兰哥特式教堂建筑一开始就效仿法国经典教堂而营建，后期的哥特式建筑在模仿的基础上做了简化，让建筑更符合荷兰人的审美。

荷兰哥特式教堂有耳堂、唱诗堂、回廊和侧堂等结构，还有三层楼的中堂，带有连拱廊、高拱廊和明窗。

荷兰教堂的连拱廊用简单的圆形立柱做支撑，比如荷兰哈勒姆大教堂内部的圆形立柱，并不像 12 世纪法国哥特式建筑

荷兰哈勒姆大教堂

中采用的结实型圆形立柱，而是更近似于哥特式建筑过渡阶段立柱的特点。

荷兰哈勒姆大教堂内部

低地国家哥特式晚期建筑掠影

◎ 梅赫伦圣伦伯德教堂

比利时梅赫伦圣伦伯德教堂始建于 13 世纪，1312 年部分建筑已经投入使用，后来在 1324 年开始建造的飞扶壁和唱诗堂融合了其所在地布拉班特的地方风格和哥特式风格，标志着这一地区后期哥特式风格的形成，而这种风格与法国哥特式建筑迥然不同。

从整体来看，圣伦伯德教堂拥有高耸的柱子、狭窄的楼廊、不带柱头的壁柱和高的窗户，这些元素却都来自法国辐射式哥特式建筑。

梅赫伦圣伦伯德教堂

◎ 安德卫普圣母大教堂

安德卫普圣母教堂是比利时迄今为止最高的一座哥特式教堂。

这座教堂有着浓郁的梅赫伦教堂风格，只是把教堂横向长方形的隔间设计改成了纵向。这种设计只在意大利和西班牙加泰罗尼亚地区的地中海式哥特式建筑中出现过。之所以采取这样的结构，是为了将中堂开辟出一个宽敞的大厅，使之更具实用性，彰显出比利时式哥特式教堂的理念。

安德卫普圣母大教堂的内部立视图只有两层楼的设计，中间的连拱廊呈水平方向。为了确保教堂的整体高度，连拱廊采取成组的扶垛支撑，窗户位于墙壁上较深的壁龛里面，下方与穿过整个墙壁的沟状通道紧紧相连，这种设计是为了赋予墙壁断面更高的强度，这也是英国哥特式建筑的一大特征。

安德卫普圣母大教堂

安德卫普圣母大教堂连拱廊上方的墙面覆盖了一层装饰，但除了那些装饰图案外，自上而下覆盖到中堂的拱券也是一大特色。

安德卫普圣母大教堂的后堂、扶壁以及双塔立面的设计都显示出它与法国哥特式建筑风格的深厚渊源。圣母教堂注重结构，装饰性元素只是服从于建筑结构的需要，体现出法国哥特式建筑的鲜明特质。

◎ 塔楼

不同于德国同类型的建筑，低地国家塔楼最大的特征是其巨大的教堂主体，如颇有名气的荷兰乌得勒支大教堂的西塔，主体高达 115 米，是一座宏伟的哥特式后期建筑。

此外，还有圣隆布教堂西部塔楼。圣隆布教堂西部塔楼由布鲁塞尔的建筑师库尔曼精心设计，始建于 1452 年，虽于 1520 年停工并未再建，但已完成的 90 米塔楼可谓当时最为华美的建筑设计之一。此塔楼的建造由方形平面向八角形尖塔过渡。其中，这个八角形尖塔是由各角的镂空花墙与塔楼角上及面上对齐而形成的一个八角星形，这种架构设计在低地国家不失为一种天才的创举。

◎ 市政厅

低地国家的市政厅，以比利时的最为耀眼。

比利时国家富裕，商业发达，其中鳞次栉比的各种大厅和市政厅为比利时赋予了无与伦比的城市魅力，体现出一座城市真正的气韵。有了雄厚的经济实力作为后盾，使得这里的世俗建筑显得华丽又辉煌，常常让同时期的宗教建筑黯然失色。

乌得勒支大教堂塔楼

阿尔斯特市政厅建立于 1225 年，这也标志着比利时哥特式典型建筑类别最终得以确立。这座市政厅有四个角楼，长长的正立面，上方安装的水平窗带连绵不绝。14 世纪晚期至 15 世纪中期建成的布鲁塞尔市政厅是这种建筑类型的忠实继承者，其宽广的正立面与华美的晚期哥特式装饰达到了高度和谐的统一。这种恢宏和壮丽也影响了 1458 年修筑的蒙斯市政厅，以及六十年后修筑的根特市政厅。

繁复豪华——西班牙
后期哥特式建筑

西班牙哥特式建筑的兴起和发展

西班牙哥特式建筑更像是法国哥特式风格在西班牙的表达。

13世纪，信奉基督教的西班牙人开始建造哥特式建筑。布尔戈斯和托莱多大教堂就是在这一时期开始建造，其建筑手法仿照了法国的大教堂。

布尔戈斯和托莱多大教堂最初的建筑面貌，被后来几百年中加盖的礼拜堂和圣器室堆砌得面目全非，教堂的精美屏面和内部的其他附件也未能幸免。也正是这种烦琐的堆砌和装饰，赋予了西班牙建筑独特的风情，让西班牙建筑区别于其他王国建筑，有一种令人沉醉的况味。

15 世纪晚期，西班牙建筑师融合了西欧哥特式、穆德哈尔式和文艺复兴风格，西班牙民族风格的建筑才逐步形成。

在 16 世纪，哥特式最后的和弦是由西班牙和葡萄牙共同奏响的。尽管文艺复兴在意大利得到了极大的胜利，但西班牙和葡萄牙 16 世纪的教堂建筑却彰显了哥特式建筑惊人的韧性和永恒的魅力。

与意大利人对罗马传统风格的守护一样，西班牙的建筑也保留了强大的摩尔人传统，真正较为纯正的哥特式建筑是西班牙布尔戈斯、托莱多等城市的主教堂。

哥特建筑在西班牙主要以教堂建筑为主，城堡和大的公共建筑只有少数采取哥特式建筑风格。

在教堂建筑中，西班牙采取的是地道的法国哥特式建筑的风格和理念，但并不擅长建筑的西班牙人在修建的过程中又不得不聘请建筑工艺高超的阿拉伯人参与修建，于是大量的伊斯兰建筑元素被混合进了西班牙哥特式建筑之中，从而形成一个崭新的风格，也就是穆德哈尔式风格。

穆德哈尔式建筑的典型特点是马蹄形券、镂空的石窗棂以及大面积的几何图案等。此外，还有十字交叉点上镂空的星形装饰以及摩尔人的装饰。

与你共赏

布尔戈斯大教堂和托莱多大教堂

布尔戈斯大教堂位于西班牙布尔戈斯市，始建于 13 世纪初期，1567 年才得以竣工，这期间在最初设计稿的基础上增添了很多新的建筑风格，是西班牙仅次于塞维利亚大教堂和托莱多大教堂的第三大教堂。此教堂整体由白色石灰石建造，上面有高高的尖塔，装饰精致、雄伟壮阔。

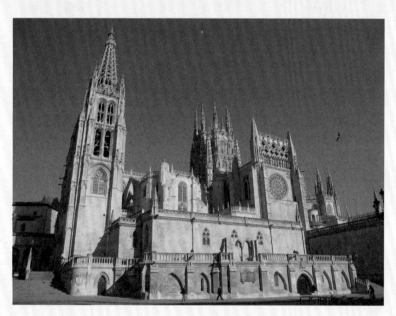

布尔戈斯大教堂

托莱多大教堂是西班牙第二大教堂，它采用了法国哥特式建筑形式，1247 年开始建造，于 1493 年完成。此教堂主体建筑为哥特式风格，此外又融合了穆德哈尔、文艺复兴等建筑风格。

托莱多大教堂

西班牙后期哥特式教堂掠影

◎ 帕尔马大教堂

帕尔马大教堂始建于 13 世纪，历经 4 个世纪才完成，它面朝大海，规模惊人，深邃的大海赋予其神秘复古的背景，它也因此成为欧洲人最骄傲的哥特式建筑之一。

帕尔马大教堂

帕尔马大教堂的内部结构

西班牙工匠对此大教堂内部空间进行了大胆革新，采用高大的穹顶，中厅极其宽广，面积是英国占地最广的约克大教堂正厅的两倍。

帕尔马大教堂摒弃了巴塞罗那大教堂的法国式圆室和拱廊，空间畅通无阻。光线从正厅东墙上华美的大玫瑰窗中当头倾泻，赋予教堂庄严神圣之感。花窗格排列成等边三角形，交错纵横，共同组成一张大网，这种建筑风格与西班牙摩尔人的建筑装饰有异曲同工之妙。

◎ 塞维利亚大教堂

塞维利亚大教堂兴建于 15 世纪初，它是世界五大教堂中的第三大教堂，坐落在一个清真寺的原址上，从而使之带有伊斯兰建筑风格。

在塞维利亚大教堂中，5 个侧厅排列成一个平行四边形，正厅充满晚期哥特式风情。

16 世纪，塞维利亚大教堂更加奢华，增加了一些圣器室和一个礼拜室，原有的外部和谐观感被破坏殆尽。1542 年，教堂又加盖了交叉的大窗灯笼式屋顶。

塞维利亚大教堂

塞维利亚大教堂的内部结构

◎ 圣胡安·雷耶斯教堂

15—16世纪，西班牙国家迅猛发展，聚集了来自德国、佛兰德斯和法国的建筑师与工匠们，一种全新的西班牙晚期哥特式风格被创作出来。为纪念伊莎贝拉王后，这种风格被称作伊莎贝拉式风格，但它的基因里携带了来自托莱多的穆迪扎尔风格（伊斯兰建筑风格）。

在此背景下，费迪南德和伊莎贝拉下令修建方济各会修道院教堂——圣胡安·雷耶斯教堂，建筑这座教堂一方面是为了纪念他们的赫赫军功，另一方面也是为了将其作为皇家墓地使用。

该建筑想象瑰奇，那些独特的装饰物如佛兰芒镶边拱、双弯曲线星形穹顶等，让其与普通的方济各会修道院截然不同。这座教堂也有大窗灯笼式屋顶，也就是在交叉塔楼上方由双曲形肋拱组成的一个星形穹顶来支撑的屋顶。在礼拜堂西端，还有大规模纹章装饰。

其他伊莎贝拉风格建筑

其他伊莎贝拉风格的建筑，还有布尔戈斯主教堂内建造的王室总管礼拜堂，里面雕刻着葱头状的墙拱、火焰式的花窗格和巨型纹章，令人赞叹不已。星形拱顶也营造出透雕的效果。

此外，1480 年落成的多明我会的圣格里高利长老会的立面，是伊莎贝拉风格的最佳体现。长老会入口上面的拱券是洋葱形拱，其上有皇家纹章雕刻，并用密集的纹样进行包裹。通过这扇富丽繁复的大门，就进入一个同样富丽的回廊，回廊里装饰华丽，由螺旋形柱子进行支撑。

浪漫而雄奇的西班牙世俗建筑

西班牙有着数量惊人的中世纪村落，最著名的是阿维拉和托莱多两地。西班牙也热衷于修建市政建筑，并在其中运用火焰式风格，因此催生了巴塞罗那的议会大楼与帕尔马和巴伦西亚交易所，大厅堂都是用扭转的墩柱支撑的。

第七章　低地国家和伊比利亚半岛后期哥特式建筑

这些哥特式的世俗建筑都为西班牙建筑增添了一份浪漫和雄奇。除此之外，西班牙还热衷于修建城堡，现存城堡无论是数量还是质量，都是其他欧洲国家望尘莫及的。

◎ 皇家城堡贝尔维尔

西班牙城堡数量最多，也最壮丽恢宏，其中最卓越的当属西班牙皇家城堡宫殿贝尔维尔。

建于 1300—1314 年的贝尔维尔城堡坐落于山巅之上，为正圆形，国王的宅邸围绕着圆形开放式庭院修建，周边则被盖成鼓形，双层券廊温柔地将宫殿环抱其中，上面一层券廊有尖角拱为哥特式风格。外端高楼包括警卫室和城堡主楼，跟一座高桥相连，也为圆形，只是面积比城堡主体小得多。

之所以选择这种浪漫的几何形状，可以当成是西班牙人对意大利南部腓特烈二世八边形的德尔蒙特城堡的致敬。不同的是，它成功解决了将住宅区与军事区分离的问题。在这一点上，其创造力是无与伦比的。

◎ 奥利特皇家城堡

修筑于 1400—1419 年间的奥利特皇家城堡也是一座匠心独具的哥特式建筑。

作为设防式宫殿，奥利特皇家城堡的形状不规则，内部装饰由穆迪扎克派工匠们一手包办。宫殿的屋顶花园给人巴比伦空中花园的炫目感，此外还配有一个带有水池的鸟舍和一个狮穴，彰显了西班牙人骨子里的野性和不羁。

◎ 蒙蒂阿莱格雷、托雷洛瓦通和阿维拉的巴尔库城堡

15 世纪时西班牙内部为了争权夺利，催发出一系列美丽与实用并存的纯军事工程技术的要塞建筑，这些军事要塞虽然没有贝尔维尔或奥利特城堡的华丽奢侈，但蒙蒂阿莱格雷、托雷洛瓦通和阿维拉的巴尔库城堡这些 15 世纪粗糙原始的石墙，依然给人坚固悠远的美感。比起那些荒芜在常青藤中的英国同类，它们崛起于炽热的平原，朴实无华的圆形或正方形塔楼与几乎不开窗的墙体成功地营造出令人敬畏的肃穆效果。在这些建筑中，摩尔建筑的天井式布局得以保存下来，虽然券廊装饰极尽华美，但其正面装饰非常低调。

风格杂糅——葡萄牙后期哥特式建筑

葡萄牙后期哥特式建筑风格也被称为曼奴埃尔式风格，此风格得名于国王曼奴埃尔一世。然而，葡萄牙建筑跟哥特式风格结缘很早，早在12世纪时，以西多会作为桥梁，质朴严峻的哥特式风格在葡萄牙长驱直入，并在日后的岁月里蓬勃发展。

胜利之神圣马利亚修道院

胜利之神圣马利亚修道院属于葡萄牙西多会，位于巴塔利亚市，因此也叫巴塔利亚修道院。

这座恢宏的建筑是勃艮第西多会建筑风格在西班牙的完美显示。这座建筑对葡萄牙来说意义非凡。因为这是一件胜利的纪念品，是国王若昂一世为了纪念战胜卡斯蒂利亚的胡安国王而建立的。

这座修道院建立的最初目的是将其当成常规修士教堂使用，开始时按照厅堂式原则设计。但是随着建筑日程的推进，逐步发展成集各种风格的"大型博物馆"，比如修道院立面从英国垂直风格中得到启发；花窗格理念来自法国火焰式风格；东边礼拜堂布局又严格依循西多会建筑风格；修道院的塔楼又崛起于透雕细工尖塔的基础上，看上去酷似埃斯林根和斯特拉斯堡的尖塔。

16世纪时，曼奴埃尔国王以极大的热情继续修建胜利之神圣马利亚修道院东端那个未完成的八角形殡葬建筑物，还为这个有着7个辐射式礼拜堂的浩大工程提供了极尽奢华的门道。门道上的双弯曲线层层相叠，三叶形头饰拱如同皇室女性裙摆上的蕾丝边一样奢华，一切都彰显了墓主人身份的高贵，体现出鲜明的葡萄牙晚期哥特式风格。

胜利之神圣母玛利亚修道院

圣哲罗姆派修道院

圣哲罗姆派修道院坐落于葡萄牙的里斯本贝伦区，葡萄牙语音译为热罗尼莫斯修道院，始建于 1501 年，为典型的曼努埃尔式建筑，是曼努埃尔一世为纪念伽马去印度探险而建造的。

此修道院的教堂属于厅堂式的哥特式建筑，内含三个开间，内部肋拱复杂，由多边形柱墩支撑。修道院的柱廊装饰丰富，采用了哥特式建筑手法，特别还使用了 16 世纪初期流行的哥特式扁平拱券。

就修道院整体的装饰特点来看，除了较为繁复华丽之外，也融合了多种母题，极富想象力。

葡萄牙里斯本的圣哲罗姆派修道院

曼努埃尔风格

曼努埃尔风格以国王曼努埃尔的名字命名。

曼努埃尔风格的建筑以造型扭转的圆柱、国王纹章和精工细刻的窗框作为代表，大自然图像在建筑中俯拾皆是，比如石头上镶满贝壳等。但其最显著的特征还是海洋风格，所以又称为"大海风格"。

在建筑风格方面，可以说，亚非拉美的建筑元素都能在曼努埃尔式的建筑中找到影子，这是由于葡萄牙船只航行于世界各地所带来的影响。而与此同时，葡萄牙的建筑也从世界各地的建筑中汲取了营养。

作为海上帝国的产物，随着葡萄牙帝国没落，曼努埃尔风格也走向衰落，但那些记载海上霸主曾经辉煌的建筑物却永远留在这片土地上。

参考文献

[1]［英］比尔·里斯贝罗. 西方建筑：从远古到现代［M］. 陈健，译. 南京：江苏人民出版社，2010.

[2]［英］奥古斯都·韦尔比·普金绘. 哥特建筑与雕塑装饰艺术［M］. 甄影博、曹峻川，译. 南京：江苏科学技术出版社，2018.

[3]陈文捷. 凡世的荣光：璀璨的中世纪建筑［M］. 北京：机械工业出版社，2020.

[4]［意］弗朗西斯卡·普利纳. 哥特式建筑［M］冀媛，译. 北京：北京美术摄影出版社，2019.

[5]高迪. 世界建筑史·哥特卷（7）［M］. 香港：香港理工大学出版社，2011.

[6]高迪. 世界建筑史·哥特卷（8）［M］. 香港：香港理工大学出版社，2011.

[7]高迪. 世界建筑史·哥特卷（9）［M］. 香港：香港理工大学出版社，2011.

[8]高迪. 世界建筑史·哥特卷（10）［M］. 香港：香港理工大学出版社，2011.

[9]高迪. 世界建筑史·哥特卷（11）［M］. 香港：香港理工大学出版社，2011.

[10]高迪. 世界建筑史·哥特卷（12）［M］. 香港：香港理工大学出版社，2011.

[11][美]卡罗尔·斯特里克兰. 西方建筑简史：拱的艺术[M]. 王毅，译. 上海：上海人民美术出版社，2014.

[12]刘托. 建筑艺术[M]. 太原：山西教育出版社，2008.

[13][法]路易·格罗德茨基. 哥特建筑[M]. 吕舟、洪勤，译. 北京：中国建筑工业出版社，1999.

[14][英]佩夫斯纳. 欧洲建筑纲要[M]. 殷凌云、张渝杰，译. 济南：山东画报出版社，2011.

[15][德]托曼. 哥特风格：建筑，雕塑，绘画[M]. 中铁二院工程集团有限责任公司，译. 北京：中国铁道出版社，2012.

[16]王钫，朱小平. 欧洲建筑艺术简史[M]. 北京：清华大学出版社，2015.

[17][美]特拉享伯格、海曼. 西方建筑史：从远古到后现代[M]. 王贵祥，译. 北京：机械工业出版社，2011.

[18]王瑞珠. 世界建筑史·哥特卷[M]. 北京：中国建筑工业出版社，2008.

[19][英]沃特金. 西方建筑史[M]. 傅景川，译. 长春：吉林人民出版社，2004.

[20]赵鑫珊. 哥特建筑——"上帝即光"[M]. 上海：上海辞书出版社，2010.

[21][日]佐藤达生. 图说西方建筑简史[M]. 计丽屏，译. 天津：天津人民出版社，2018.

[22]徐晋. 论欧洲哥特建筑艺术及其影响[D]. 济南：山东大学，2011.

[23]杨潀. 中世纪英国哥特建筑探析[D]. 天津：天津师范大学，2012.

[24]吴羿珲. 浅析哥特式教堂建筑风格的衍变[J]. 四川水泥，2016（7）：273.